Saleem Mushtaq

Mastite bovina - Uma visão geral

Saleem Mushtaq

Mastite bovina - Uma visão geral

ScienciaScripts

Imprint

Any brand names and product names mentioned in this book are subject to trademark, brand or patent protection and are trademarks or registered trademarks of their respective holders. The use of brand names, product names, common names, trade names, product descriptions etc. even without a particular marking in this work is in no way to be construed to mean that such names may be regarded as unrestricted in respect of trademark and brand protection legislation and could thus be used by anyone.

Cover image: www.ingimage.com

This book is a translation from the original published under ISBN 978-620-2-02490-7.

Publisher:
Sciencia Scripts
is a trademark of
Dodo Books Indian Ocean Ltd. and OmniScriptum S.R.L publishing group

120 High Road, East Finchley, London, N2 9ED, United Kingdom
Str. Armeneasca 28/1, office 1, Chisinau MD-2012, Republic of Moldova, Europe
Printed at: see last page
ISBN: 978-620-7-74658-3

MASTITE BOVINA - UMA VISÃO GERAL

Índice

Índice de conteúdos...2

CAPÍTULO 1 3

CAPÍTULO 2 8

CAPÍTULO 3 13

CAPÍTULO 4 24

CAPÍTULO 5 37

REFERÊNCIAS 39

CAPÍTULO 1
INTRODUÇÃO

O termo mastite deriva de duas palavras gregas (mastos = mama; itis = inflamação), ou seja, a mastite é a inflamação das glândulas mamárias. É uma das doenças mais importantes que afectam a indústria leiteira em todo o mundo (Lyons *et al.*, 2015). A doença ocorre devido à invasão das glândulas mamárias por microrganismos patogénicos e à sua subsequente multiplicação (Kerro Dego *et al.*, 2002). O risco de adquirir a doença pode ser aumentado por vários factores como químicos, físicos ou traumáticos. Por conseguinte, a mastite pode ser considerada como uma doença multifatorial que inclui 1) o bovino como hospedeiro; 2) os microrganismos como agentes causadores; e 3) o ambiente, que afeta tanto a vaca quanto os microrganismos causadores (Schroeder, 2012).

Diversos grupos de microrganismos, incluindo bactérias, micoplasmas, leveduras e algas, são responsáveis pela mastite. Foram isolados mais de 135 microrganismos diferentes de infecções intramamárias de bovinos, sendo a maioria dos casos causada por uma infeção bacteriana (Bradley, 2002). Com base no agente etiológico envolvido, a mastite pode ser amplamente classificada em mastite contagiosa e mastite ambiental. Os agentes patogénicos contagiosos incluem o *Staphylococcus aureus* e o *Streptococcus agalactiae*, enquanto os agentes patogénicos ambientais incluem a *Escherichia coli*, o *Streptococcus dysgalactiae* e o *Streptococcus uberis* (Riffon *et al.*, 2001). Os principais agentes patogénicos da mastite incluem estafilococos, estreptococos e bactérias gram-negativas como *Escherichia coli* e *Klebsiella pneumoniae* (Contreras e Rodríguez, 2011). Os estafilococos coagulase negativos (CNS), como o *Staphylococcus xylosus* e o *Staphylococcus chromogenes,* são agentes patogénicos oportunistas que surgiram recentemente como agentes patogénicos importantes da mastite (Pyorala e Taponen, 2015).

A mastite é um fardo económico para os produtores de leite e causa enormes perdas monetárias devido à diminuição da qualidade e da quantidade de produção de leite, aos custos de tratamento relacionados com medicamentos e cuidados veterinários, aos encargos laborais e ao abate associado (Viguier *et al.*, 2009). Por exemplo, as perdas económicas anuais devidas à mastite na Índia e no mundo foram estimadas em 1,1 mil milhões de dólares (Mir *et al.*, 2014) e 35 mil milhões de dólares (Wellenberg *et al.*, 2002), respetivamente.

A terapia com antibióticos é o método de tratamento mais comum disponível contra a mastite, cujo uso inadequado levou, no entanto, ao surgimento de estirpes de bactérias resistentes aos antibióticos (Berghash *et al.*, 1983; Gindonis *et al.*, 2013; Locke e Meldrum, 2011). Além disso, a utilização de antibióticos para tratar a mastite bovina tem sido implicada como uma fonte comum de resíduos de medicamentos no leite. Aproximadamente 90% dos resíduos detectados no leite durante um período de cinco anos no Michigan tiveram origem na terapia antibacteriana para a mastite (Erskine *et al.*, 2002).

A resistência antimicrobiana é um dos principais desafios na gestão das doenças infecciosas. Este fenómeno afecta o tratamento de todas as infecções, quer sejam causadas por vírus, parasitas, fungos ou bactérias. No entanto, é a emergência de um elevado nível de resistência aos antibióticos nas bactérias que constitui a maior preocupação da medicina moderna (Wright e Sutherland, 2007). Esta epidemia mundial de resistência aos antibióticos levou ao perigo de acabar com a idade de ouro da terapia antibiótica. As opções de antibióticos são frequentemente muito limitadas e o pipeline de novos antibióticos está quase esgotado (Gould, 2009). Por conseguinte, é necessário procurar novos medicamentos e abordagens alternativas para o tratamento da mastite bovina.

A descoberta moderna de medicamentos requer um rastreio de elevado rendimento. No entanto, para ser eficaz, esta técnica requer um grande número de compostos que não podem ser obtidos através da síntese orgânica tradicional. Duas importantes fontes alternativas são a química combinatória e a biodiversidade química da natureza (Verpoorte, 1998). A descoberta de novas moléculas, associada ao aumento da produção de produtos à base de plantas, conduziu a um interesse renovado na investigação de produtos naturais. O número de espécies de plantas tradicionalmente utilizadas em todo o mundo varia entre 10 000 e 53 000 (McChesney *et al.*, 2007), no entanto, apenas uma pequena proporção foi analisada quanto à sua atividade biológica (Gurib-Fakim, 2006).

O conhecimento tradicional tem-se revelado um instrumento útil na procura de novos medicamentos à base de plantas (Cox, 2000). Estes medicamentos continuam a fornecer farmacoterapia de primeira linha a muitos milhões de pessoas em todo o mundo. Cerca de 80% da população dos países em desenvolvimento depende das plantas medicinais para as suas necessidades de cuidados de saúde primários (Kasilo, O. M. J., 2010). As plantas medicinais são utilizadas como medicamentos em bruto sob a forma de tinturas, chás, cataplasmas, pós e outras formulações à base de plantas. Os conhecimentos sobre a parte da planta utilizada e os métodos de aplicação foram transmitidos oralmente de geração em geração. No entanto, a utilização recente de plantas medicinais envolveu o isolamento de compostos biologicamente activos (Balunas e Kinghorn, 2005). A descoberta de dois dos primeiros fármacos, ou seja, o quinino anti-malárico e a aspirina analgésica antipirética, preparou o terreno para a exploração de plantas medicinais para a descoberta de fármacos. Os compostos derivados de extractos medicinais são importantes para a descoberta de medicamentos devido à sua química única. São frequentemente moléculas estereoquimicamente complexas, multi ou macrocíclicas, menos susceptíveis de serem sintetizadas anteriormente, juntamente com as suas propriedades biológicas apelativas. No entanto, a caraterística mais importante é o facto de os extractos originais terem sido utilizados durante milhares de anos no contexto etanobotânico (Corson e Crews, 2007).

A descoberta de medicamentos a partir de plantas medicinais tem desempenhado um papel crucial no tratamento do cancro e das doenças infecciosas. Os agentes anticancerígenos de plantas atualmente em utilização clínica podem ser classificados em quatro classes principais de compostos: alcalóides da vinca, epipodofilotoxinas, taxanos e camptotecinas (Balunas e Kinghorn, 2005). Os produtos naturais também continuam a ser a principal fonte de descoberta de medicamentos antibacterianos. Cerca de 66% de todos os medicamentos atualmente aprovados como agentes antibacterianos são produtos naturais ou derivados de produtos naturais (Brown *et al.*, 2014). As plantas medicinais são utilizadas há milénios no tratamento de infecções. Existem numerosos exemplos de plantas que são utilizadas de forma tópica e sistémica para tratar infecções bacterianas no contexto etnobotânico (Magassouba *et al.*, 2007). Vários agentes antibacterianos com atividade promissora, como a horminona, a piritiona, o gossipol, a plumbagina e a reína, foram isolados de diferentes plantas (Gibbons, 2004; Tegos *et al.*, 2002). Por conseguinte, as tentativas de investigar antibacterianos etnobotânicos podem levar à descoberta de novos fármacos, que podem ser eficazes no tratamento de doenças infecciosas, particularmente dada a longa associação e a pletora de materiais à base de plantas que são utilizados nesta área (Gibbons, 2008).

As plantas medicinais são também uma componente essencial da medicina etnoveterinária. A medicina etnoveterinária (MEV) é particularmente importante nos cuidados de saúde animal nos países em desenvolvimento (van der Merwe *et al.*, 2001). Tornou-se um campo de investigação reconhecido que inclui a teoria veterinária tradicional, medicamentos, métodos cirúrgicos, procedimentos de diagnóstico e práticas de criação de animais. Os agricultores e pastores de vários países utilizam plantas medicinais na manutenção e conservação dos cuidados de saúde do gado. Por exemplo, no México, os distúrbios intestinais das vacas são tratados com extractos de ervas de Polakowskia tacacco. Do mesmo modo, no Uganda, os suplementos dietéticos, tais como a vitamina A na alimentação das aves de capoeira, são fornecidos através de enriquecimentos de Amaranthus sp. (Hoareau e DaSilva, 1999). Aproximadamente 75% dos proprietários de gado rural na província do Cabo Oriental da África do Sul utilizam plantas ou remédios à base de plantas para tratar o seu gado (Oyedemi e Afolayan, 2011). Estima-se que as plantas medicinais, durante vários séculos, têm sido amplamente utilizadas como fonte primária de prevenção e controlo de doenças do gado. De facto, o interesse desta utilização no sector veterinário resultou principalmente do aumento do custo de manutenção do gado e da introdução de novas tecnologias na produção de medicamentos e vacinas veterinárias (Hoareau e DaSilva, 1999). Na Índia, os medicamentos etnoveterinários são utilizados extensivamente e com bastante eficácia no tratamento primário de cuidados de saúde para tornar os animais domésticos produtivos e saudáveis. O conhecimento indígena do sistema de cuidados de saúde veterinários adquirido pelos curandeiros tradicionais (Pashu Vaidyas) é transmitido oralmente de uma geração para outra (Phondani *et al.*, 2010). Estes medicamentos são utilizados em diferentes formas, como decocções, pastas e pós. No entanto, é importante obter uma validação científica para a possível utilização destes medicamentos à base de plantas no tratamento de várias doenças.

O presente livro tenta fornecer um breve resumo da mastite bovina - os seus principais agentes causadores, a importância económica, o problema da resistência antimicrobiana e o potencial da medicina herbal alternativa no tratamento desta doença crónica.

CAPÍTULO 2
MASTITE BOVINA

2.1. Mastite: A mastite bovina é frequentemente causada por microrganismos que invadem o úbere, se multiplicam e produzem toxinas que são prejudiciais ao tecido mamário (Schroeder, 2012). Cerca de 150 espécies de microrganismos, incluindo bactérias, micoplasmas, leveduras e algas, são responsáveis pela mastite (Behiry *et al.,* 2014). No entanto, a maioria das infeções intramamárias (IMI) é causada por infeção bacteriana (Bradley, 2002).

2.2. Dois tipos de agentes patogénicos da mastite: As bactérias que causam a mastite têm sido classificadas como contagiosas ou ambientais. Os agentes patogénicos contagiosos estão adaptados para sobreviver no hospedeiro, particularmente na glândula mamária (Bradley, 2002). Os principais agentes patogénicos contagiosos incluem *Staphylococcus aureus*, *Streptococcus agalactiae* e *Streptococcus dysgalactiae* (Bengtsson *et al.,* 2009). O úbere é o principal reservatório de agentes patogénicos contagiosos e o modo de propagação é do(s) quarto(s) infetado(s) para outros quartos e vacas, principalmente durante a ordenha (Radostits *et al.,* 1994). Por outro lado, a mastite ambiental pode ser causada por coliformes (*Escherichia coli, Klebsiella pneumoniae, Klebsiella oxytoca* e *Enterobacter aerogenes*); Streptococci (*Streptococcus uberis, Streptococcus bovis* e *Streptococcus dysgalactiae*); e Enterococos (*Enterococcus faecium* e *Enterococcus faecalis*). Estes agentes patogénicos são invasores oportunistas das glândulas mamárias, não adaptados à sobrevivência no hospedeiro (Bradley, 2002). O ambiente da vaca é a principal fonte de infeção (Kateete *et al.,* 2013).

A gravidade da inflamação pode ser classificada em formas subclínicas, clínicas e crónicas, e o seu grau depende da natureza do agente patogénico causador e da idade, raça, saúde imunológica e estado de lactação do animal (Yalcin *et al.,* 1999).

A mastite subclínica é difícil de detetar devido à ausência de quaisquer indicações visíveis e tem grandes implicações em termos de custos. A mastite crónica é uma forma rara da doença, mas resulta numa inflamação persistente da glândula mamária. Atualmente, os pagamentos pela qualidade do leite baseiam-se na contagem de células somáticas (CCS), e níveis elevados resultam em pagamentos reduzidos. Isto, para além da redução do volume de leite e dos custos de tratamento, afecta significativamente os rendimentos das explorações (Viguier *et al.*, 2009). Os sintomas da mastite clínica podem variar de ligeiros (flocos no leite, ligeiro inchaço do quarto infetado) a graves (secreções de leite anormais, quarto/úbere quente e inchado, febre, pulso rápido, perda de apetite, depressão e morte) (Schroeder, 2012). A mastite clínica tem uma importância considerável na medida em que causa tanto sofrimento aos animais como perdas económicas (Hagnestam-Nielsen e Ostergaard, 2009).

2.3. Resposta imunológica durante a mastite:

A mastite é caracterizada por uma resposta inflamatória da glândula mamária (MG) causada por alterações metabólicas e fisiológicas, traumatismos ou, mais frequentemente, por microrganismos patogénicos contagiosos ou ambientais. Na resposta inflamatória, o sistema imunitário da MG é ativado para eliminar o agente patogénico. Este mecanismo de defesa inclui factores anatómicos, celulares e solúveis que actuam em coordenação e são cruciais para a modulação da resistência e suscetibilidade do MG à infeção (Oviedo-Boyso *et al.*, 2007).

Em geral, a mastite causada por microrganismos é caracterizada por três fases: invasão do agente patogénico, infeção e inflamação. Na fase de invasão, os microrganismos movem-se através do canal da teta. Na fase de infeção, as bactérias estabelecem-se dentro da cisterna da glândula, onde se multiplicam e se espalham por todo o tecido do MG, dependendo da suscetibilidade do animal. Na fase final, o processo inflamatório dá origem a um aumento considerável da contagem de células somáticas (CCS, atribuível maioritariamente a neutrófilos), começando a manifestar-se os sinais clínicos correspondentes (National Mastitis Council, 2015)

A doença ocorre quando as bactérias entram na glândula mamária através do canal da teta, que é normalmente fechado por músculos do esfíncter, impedindo a entrada de agentes patogénicos (Figura 1).

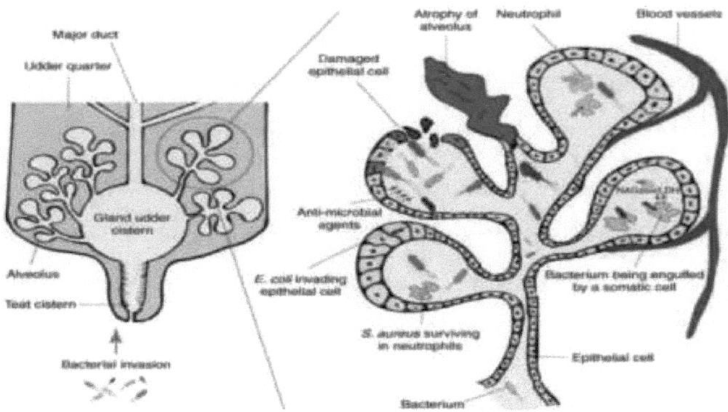

Figura 1 Representação esquemática do desenvolvimento da mastite num úbere infetado

O canal da teta é revestido por queratina, um material ceroso derivado do epitélio escamoso estratificado que obstrui ainda mais a migração das bactérias. Também contém agentes antimicrobianos, como ácidos gordos de cadeia longa, que ajudam a combater a infeção. No entanto, se as bactérias conseguirem iludir os mecanismos de defesa do úbere, multiplicam-se nos tecidos produtores de leite, produzem toxinas, enzimas e componentes da parede celular que estimulam a produção de numerosos mediadores da inflamação (Zhao e Lacasse, 2008). Estes atraem células efectoras, particularmente neutrófilos polimorfos (PMN), para o local de ação. Os PMN actuam engolindo e destruindo as bactérias invasoras através de sistemas dependentes e independentes do oxigénio. No entanto, se a infeção persistir, resulta em inchaço interno, os alvéolos ficam danificados, a barreira sangue-leite é quebrada e os componentes do fluido extracelular entram na glândula e misturam-se com o leite. Danos extensos levam à presença de sangue no leite. Isto leva a alterações visíveis no úbere, como o aumento do inchaço externo e a vermelhidão da glândula. Também ocorrem alterações no leite, incluindo o aumento da condutividade, o aumento do pH, o aumento do teor de água e a presença de coágulos visíveis e as infecções mais graves podem, em última análise, resultar na morte do animal (Milner *et al.*, 1996 e Viguier *et al.*, 2009).

2.4. Alterações na composição do leite: A mastite causa alterações consideráveis na composição do leite (Tabela 2), incluindo aumentos na CCS. Os tipos de proteínas presentes mudam drasticamente. A caseína, a principal proteína do leite de alta qualidade nutricional, diminui e as proteínas do soro de leite de qualidade inferior aumentam, o que afeta negativamente a qualidade dos produtos lácteos, como o rendimento, o sabor e a qualidade do queijo. A albumina do soro, imunoglobulinas, transferrina e outras proteínas do soro passam para o leite porque a permeabilidade vascular muda. A lactoferrina, a principal proteína antibacteriana de ligação ao ferro nas secreções mamárias, aumenta em concentração, provavelmente devido ao aumento da produção pelo tecido mamário e uma pequena contribuição dos PMN. A deterioração da proteína do leite como resultado da mastite pode continuar durante o processamento e armazenamento. A mastite aumenta a condutividade do leite e as concentrações de sódio e cloreto são elevadas. O potássio, normalmente o mineral predominante no leite, diminui. Como a maior parte do cálcio no leite está associada à caseína, a interrupção da síntese de caseína contribui para a redução do cálcio no leite (Jones e Bailey, 2009).

Tabela 2. Alterações nos constituintes do leite associadas a uma elevada CCS

Constituinte	Leite normal (%)	Leite com elevada CCS (%)
Gordura	3.5	3.2
Lactose	4.9	4.4
Proteína total	3.61	3.56
Caseína total	2.8	2.3
Proteína de soro de leite	0.8	1.3
Albumina sérica	0.02	0.07
Lactoferrina	0.02	0.10
Imunoglobulina	0.10	0.60
Sódio	0.057	0.105
Cloreto	0.091	0.147
Potássio	0.173	0.157
Cálcio	0.12	0.04

2.5. Perdas económicas devidas à mastite: A mastite é um problema global responsável por enormes perdas financeiras para as indústrias leiteiras e para as economias em geral devido à má qualidade do leite, à redução da produção de leite e ao aumento das despesas com tratamentos e, por vezes, à morte devido à própria doença ou ao abate de vacas afectadas (Kateete *et al.*, 2013).

A Índia é o maior produtor de leite do mundo, com 16% da produção global (Factos sobre a produção de leite disponíveis em http://www.fao.org/agriculture/dairy-gateway/milk-production/en/#.VmWvedJ97IU). A criação de gado leiteiro constitui a segunda ou terceira maior atividade económica na Índia (Shome *et al.*, 2012). Mas a mastite continua a ser um grande obstáculo para a indústria de lacticínios (Mubarack *et al.*, 2011). As perdas económicas anuais devidas à mastite na Índia, nos EUA, no Reino Unido e em todo o mundo foram estimadas em 1,1 mil milhões de dólares (Mir *et al.*, 2014), 2 mil milhões de dólares (Ott 1999), 460 milhões de dólares (Viguier *et al.*, 2009) e 35 mil milhões de dólares (Wellenberg *et al.*, 2002), respetivamente. A mastite subclínica é 3-40 vezes mais comum do que a mastite clínica e causa as maiores perdas gerais na maioria dos rebanhos leiteiros (Mir *et al.*, 2014).

CAPÍTULO 3
RESISTÊNCIA ANTIMICROBIANA

3.1. Introdução à resistência antimicrobiana: A resistência antimicrobiana das bactérias é uma ameaça crescente tanto na medicina humana como na veterinária (Bengtsson *et al.*, 2009). Os antibióticos provaram ser medicamentos poderosos para o controlo de doenças infecciosas e continuam a ser uma das descobertas mais significativas da medicina moderna. No entanto, a sua utilização extensiva e sem restrições impôs uma pressão selectiva sobre as bactérias, levando ao desenvolvimento de resistência antimicrobiana (24). A epidemia mundial de resistência aos antibióticos corre o risco de pôr termo à idade de ouro da terapêutica antibiótica. Tem impacto em todas as áreas da medicina e está a tornar muito mais difícil o sucesso da terapêutica empírica. É um desastre ecológico de consequências desconhecidas e, ao contrário do aquecimento global, não tem uma solução óbvia. O pipeline de antibióticos está praticamente esgotado, não se prevendo a utilização de novas classes de agentes nos próximos 20 anos (Gould, 2009). A procura de novos antimicrobianos para ultrapassar os problemas de resistência é, desde há muito, uma prioridade de investigação para a indústria farmacêutica (5). No entanto, nos últimos trinta anos, apenas duas novas classes de antibióticos entraram no mercado, as oxazolidinonas e os lipopeptídeos cíclicos, ambos utilizados contra infecções bacterianas Grampositivas (31). Não foram desenvolvidos novos medicamentos anti-Gram-negativos.

A resistência aos antibióticos nas bactérias é o produto de uma genética e fisiologia inatas, que são transmitidas verticalmente através das espécies, e da notável propensão das bactérias para trocar material genético horizontalmente entre espécies e géneros. Esta estratégia genética combinatória resultou na acumulação de fenótipos de resistência a múltiplos fármacos (MDR) em muitas espécies de bactérias (Wright e Sutherland, 2007). Os mecanismos de resistência permitem que as bactérias sobrevivam na presença de condições tóxicas que podem resultar de alterações celulares adquiridas ou intrínsecas. As bactérias podem ser intrinsecamente resistentes aos produtos antimicrobianos ou podem adquirir resistência por mutação de novo ou através da aquisição de genes de resistência de outros microrganismos (Fajardo *et al.,* 2008). A aquisição de novo material genético por bactérias susceptíveis aos antimicrobianos a partir de bactérias resistentes pode ocorrer através da transferência de genes, por conjugação (através de plasmídeos e transposões conjugativos), transformação (através de bacteriófagos) ou transdução (através da incorporação no cromossoma de ADN cromossómico ou plasmídeos) (Alekshun e Levy, 2007). Uma vez adquiridos, os genes de resistência não se perdem facilmente. Em vez disso, tornam-se uma parte relativamente estável de um genoma. Determinantes de resistência adicionais podem juntar-se aos que já prevalecem, alargando o fenótipo de multirresistência. Os genes de resistência adquiridos podem permitir a uma bactéria produzir enzimas que inactivam o produto antibacteriano, modificar o local alvo, produzir uma via metabólica alternativa que contorna a ação do produto antibacteriano ou expressar mecanismos de efluxo que impedem o antibacteriano de atingir o seu alvo intracelular (Woodford e Ellington, 2007). Os mecanismos de efluxo, tanto específicos como multidroga, são determinantes importantes da resistência intrínseca e/ou adquirida a estes antimicrobianos em importantes agentes patogénicos humanos (Simões *et al.,* 2009).

A Infectious Disease Society of America identificou o *Staphylococcus aureus* resistente à meticilina (MRSA), o *Enterococcus faecium* resistente à vancomicina, as Enterobacteriaceae produtoras de β-lactamase de espetro alargado e as *Acinetobacter baumannii* e *Pseudomonas aeruginosa* MDR como agentes patogénicos bacterianos que constituem um desafio especial para a gestão das doenças infecciosas (Sebaihia *et al.,* 2006).

Muitas doenças infecciosas são cada vez mais difíceis de tratar devido à existência de organismos resistentes aos antimicrobianos, incluindo a infeção pelo VIH, a infeção estafilocócica, a tuberculose, a gripe, a gonorreia, a infeção por cândida e a malária. Entre 5 e 10 por cento de todos os doentes hospitalizados desenvolvem uma infeção. Cerca de 90.000 destes doentes morrem todos os anos em consequência da infeção, contra 13.300 mortes em 1992. De acordo com o Centres for Disease Control and Prevention (abril de 2011), a resistência aos antibióticos nos Estados Unidos custa cerca de 20 mil milhões de dólares por ano em custos de cuidados de saúde em excesso, 35 milhões de dólares noutros custos sociais e mais de 8 milhões de dias adicionais que as pessoas passam no hospital. As pessoas infectadas com organismos resistentes aos antimicrobianos são mais susceptíveis de ter estadias hospitalares mais longas e podem necessitar de um tratamento mais complicado. São necessários novos antibióticos e novas estratégias terapêuticas para enfrentar este desafio. Os avanços na identificação de novas fontes de produtos naturais antibióticos e a expansão da diversidade química dos antibióticos estão a fornecer pistas químicas para novos medicamentos. Os inibidores dos mecanismos de resistência e da virulência microbiana são estratégias ortogonais que também estão a gerar novos produtos químicos que podem prolongar a vida dos antibióticos existentes (Russell, 2003).

3.2. Resistência aos antibióticos na mastite: A mastite bovina é a doença mais comum nas vacas leiteiras em todo o mundo, e a terapia antimicrobiana é a principal ferramenta para o tratamento da mastite. A prevalência dos agentes patogénicos da mastite e a sua resistência antimicrobiana foram investigadas em numerosos estudos realizados em todo o mundo. Por exemplo, estudos realizados em França e no Reino Unido relataram uma elevada prevalência de *S. aureus* resistente à penicilina (36,2%, 56%) (Bradley *et al.*, 2007). Os estreptococos que causam mastite exibiram uma resistência notável aos macrólidos e às lincosamidas (Guérin-Faublée *et al.*, 2002 e (Kalmus *et al.*, 2011).

Staphylococcus aureus é um organismo ubíquo que causa uma variedade de doenças, incluindo mastite em bovinos e humanos. A resistência de alto nível de *S. aureus* aos β-lactâmicos, conferida por um gene mecA que codifica uma proteína de ligação à penicilina modificada (PBP2a), foi observada pela primeira vez no início da década de 1960 (Moxnes *et al.*, 2013). Estes *S. aureus* resistentes à meticilina (MRSA) têm sido responsáveis tanto por infecções adquiridas no hospital (HA-MRSA) como, mais recentemente, por MRSA adquirido na comunidade (CA-MRSA). O estabelecimento da sequência do tipo 398 (ST398) em animais de criação, principalmente suínos, no início dos anos 2000, proporcionou um reservatório de infeção para os seres humanos e para o gado leiteiro, particularmente na Europa continental, descrito como MRSA associado ao gado (LA-MRSA) (Holmes e Zadoks, 2011). A resistência à meticilina em isolados de *S. aureus* obtidos de casos de mastite bovina foi registada pela primeira vez na Bélgica na década de 1970 (Middleton *et al.*, 2005). O aparecimento de MRSA em bovinos leiteiros pode estar associado ao contacto com outras espécies hospedeiras, como no caso do ST398, ou à troca de material genético entre *S. aureus* e espécies de Staphylococcus coagulase negativa, que são as espécies mais comuns associadas a infecções intramamárias em bovinos e que transportam normalmente determinantes de resistência antimicrobiana. O MRSA representa uma ameaça tanto para o doente como para a população em geral. O MRSA pode causar problemas nos doentes quando são administrados antibióticos β-lactâmicos que, subsequentemente, não conseguem controlar a infeção. Tanto nas pessoas como nos bovinos, as características da mastite causada por MRSA não parecem ser significativamente diferentes da mastite causada por MSSA. Os elevados níveis de mastite bovina, a emergência do MRSA ST398 e a recente descoberta de um MRSA mecA divergente, que infecta tanto os bovinos como as pessoas, realçam o potencial dos animais de criação para actuarem como reservatório de infeção tanto para outros animais de criação como para a população humana (Holmes e Zadoks, 2011).

O S. aureus resistente à meticilina pode ser transferido entre os seres humanos e as vacas, o que pode representar um risco potencial tanto para a saúde humana como para a saúde animal (Juhász- Kaszanyitzky *et al.*, 2007). Nos últimos anos, tem-se registado uma tendência crescente no número de casos de MRSA (Leonard e Markey, 2008). A utilização descontrolada de antibióticos, que provoca a seleção de clones resistentes sob pressão antibiótica, pode ser a razão para a propagação de um clone multi-resistente. As estirpes de *S. aureus* resistentes à meticilina isoladas em hospitais são frequentemente resistentes a vários medicamentos, incluindo a eritromicina, a clindamicina, a tetraciclina, a gentamicina e a ciprofloxacina (Türkyilmaz *et al.*, 2010).

Os animais são a principal fonte de novos agentes patogénicos que afectam os seres humanos. (Spoor *et al.*, 2013) relataram a descoberta de clones emergentes de *Staphylococcus aureus* resistente à meticilina (MRSA) que tiveram origem no gado e passaram para os seres humanos, seguindo-se uma evolução adaptada ao hospedeiro e uma propagação epidémica em populações humanas globais. Estes resultados demonstram que o gado pode atuar como reservatório para a emergência de novos clones bacterianos humanos com potencial de propagação pandémica, salientando o papel potencial das medidas de vigilância e biossegurança no contexto agrícola para prevenir a emergência de novos agentes patogénicos humanos.

3.3. Resistência aos antibióticos em importantes agentes patogénicos da mastite.

Os estafilococos são as bactérias mais frequentemente isoladas da mastite subclínica (Tenhagen *et al.*, 2006). Os estafilococos são divididos em estafilococos coagulase-positivos (CPS) e estafilococos coagulase-negativos (CNS) com base na capacidade de coagular o plasma do coelho. O principal agente patogénico, *Staphylococcus aureus*, é geralmente coagulase positivo, embora ocorram estirpes coagulase-negativas de *S. aureus* (Fox *et al.*, 1996). *O S. aureus* pode causar mastite clínica, mas frequentemente causa mastite subclínica, que permanece persistente e aumenta a contagem de células somáticas do leite. Os estafilococos coagulase negativos (ECN), como o *Staphylococcus xylosus* e o *Staphylococcus chromogenes*, são agentes patogénicos oportunistas que surgiram recentemente como agentes patogénicos importantes da mastite (Pyorala e Taponen, 2015). Os SNC tornaram-se os agentes patogénicos bacterianos mais comuns isolados de amostras de leite em muitos países, causando infecções intramamárias em bovinos (El-Jakee *et al.*, 2013).

O CNS pode persistir na glândula mamária e aumentar moderadamente a contagem de células somáticas do leite. A resistência a vários antimicrobianos é mais comum no *SNC* do que no *S. aureus*. Os factores de virulência do *S. aureus* e do SNC foram investigados através da medição da expressão fenotípica de produtos que se supõe estarem associados à virulência e do rastreio de genes que codificam esses produtos. Foram encontrados vários factores de virulência em estirpes de *S. aureus* isoladas de mastite bovina, incluindo a produção de hemolisinas, leucocidinas, toxinas esfoliativas, enterotoxinas, toxina do síndroma de choque tóxico e capacidade de formar limo e biofilme (Haveri *et al.*, 2007). O SNC tende a ser mais resistente aos antimicrobianos do que o *S. aureus* e desenvolve facilmente multirresistência. O mecanismo de resistência mais comum nos estafilococos é a produção de β-lactamase, que resulta em resistência à penicilina G e às aminopenicilinas. A percentagem registada de resistência à penicilina para CNS isolados de mastite foi de 36% na Noruega, 25% na Dinamarca, 41-61% nos Países Baixos e 32% na Finlândia (Taponen e Pyorala, 2009).

A mastite subclínica (MSC) tem tendência a persistir porque geralmente não é detectada. Cerca de 70 a 80% da perda estimada de $140 a $300 dólares por vaca por ano devido à mastite está relacionada com a diminuição da produção de leite causada pela mastite subclínica assintomática (Leitner *et al.*, 2011). A contaminação bacteriana do leite das vacas afectadas torna-o insalubre para consumo humano e tem importância zoonótica (León-Galván *et al.*, 2015).

O transporte de genes de resistência aos antimicrobianos por espécies do SNC em bovinos também pode ser relevante porque representa potencialmente um perigo para a saúde humana, tanto através da transferência lateral de genes de resistência entre espécies estafilocócicas, incluindo *Staphylococcus aureus*, como através da transmissão direta de agentes patogénicos resistentes, como Staphylococcus epidermidis resistente à meticilina, entre humanos e animais (Walther e Perreten, 2007). No entanto, existe a preocupação de que a utilização de antimicrobianos para o tratamento da mastite promova o aparecimento ou a sobrevivência de MRSA e de outros estafilococos resistentes à meticilina no gado leiteiro (Sampimon *et al.*, 2011).

Das várias manifestações clínicas, a mastite subclínica é economicamente a mais importante devido aos seus efeitos a longo prazo na produção de leite (Zafalon *et al.*, 2007). Também se verificam enormes perdas económicas devido ao leite não comercializável ou a produtos lácteos contaminados com resíduos de antibióticos provenientes de tratamentos nos países em desenvolvimento, bem como da utilização de antibióticos como promotores de crescimento, particularmente em confinamentos de gado leiteiro no mundo desenvolvido. O uso prolongado de antibióticos no tratamento da mastite levou ao problema adicional do aparecimento de estirpes resistentes aos antibióticos, daí a preocupação constante com a entrada de estirpes resistentes na cadeia alimentar (Virdis *et al.*, 2010). Muitos organismos associados à mastite também têm importância zoonótica e podem causar doenças como a brucelose, a tuberculose, a leptospirose, a febre Q, etc. (Tiwari *et al.*, 2013).

3.4. Relatórios sobre a resistência antimicrobiana em agentes patogénicos importantes da mastite.

Durante um estudo de um ano realizado no Chile de 2000 a 2001, um total de 1.419 estirpes de *E. coli*, estreptococos e estafilococos foram isoladas por investigadores de vacas em lactação que sofriam de mastite clínica e avaliadas contra diferentes agentes antimicrobianos. O maior nível de resistência foi observado em *S. aureus* a antibióticos como a lincomicina (38,9%), a amoxicilina (38,1%), a penicilina (28,8%), a ampicilina (26,0%) e o cefquinoma (24,7%). Enquanto as estirpes do SNC apresentaram 56,9%, 42,3%, 31,5% e 26,8% de nível de resistência à penicilina, lincomicina, amoxicilina e ampicilina, respetivamente. Além disso, verificou-se que as estirpes estreptocócicas eram altamente resistentes à lincomicina (61,9%), enquanto *a E. coli era* resistente à oxitetraciclina e à enrofloxacina com 20,6% e 19,3% de resistência, respetivamente. Apenas 34,9% das estirpes estafilocócicas eram produtoras de betalactamase. Por conseguinte, o estudo salientou a necessidade de criar programas de vigilância permanente da resistência no Chile com base nos elevados níveis de resistência detectados neste trabalho de investigação (McDaniel *et al.*, 2014).

Uma equipa de investigação da Coreia, ao avaliar a suscetibilidade antimicrobiana de 178 isolados de Streptococcus de amostras de leite, descobriu que mais de 90% dos isolados testados eram resistentes a pelo menos um dos sete antimicrobianos testados (Nam *et al.*, 2009). Os isolados foram identificados como seis espécies diferentes de Streptococcus, a saber, S. uberis, S. bovis, S. oralis, S. salivarius, S. intermedius e S. agalactiae. Curiosamente, apenas 8,9 % do total de isolados eram susceptíveis a todos os antimicrobianos utilizados neste estudo. Os diferentes isolados revelaram uma resistência máxima a cinco antibióticos de uso corrente, pela seguinte ordem: tetraciclina (61,2%), lincomicina (43,2%), gentamicina (35,3%), oxacilina (34,3%) e eritromicina (28,6%). Foi registado um grau variável de resistência entre as cinco espécies diferentes, por exemplo, o S. salivarius apresentou níveis muito elevados de resistência à cefalotina (23,0%) e à oxacilina (76,9%), enquanto o S. agalactiae (20%) e o S. intermedius (14,2%) eram resistentes principalmente à penicilina. Observou-se também que todas as cinco espécies apresentaram resistência a três ou mais dos sete agentes antimicrobianos testados. Por conseguinte, o estudo concluiu que, com os diferentes padrões de resistência antimicrobiana observados entre as espécies individuais, é necessário proceder a uma identificação adequada das espécies de estreptococos ambientais para investigar o padrão correto de resistência antimicrobiana.

Num outro estudo realizado em Kampala, no Uganda, os autores estudaram a distribuição e os padrões de suscetibilidade antimicrobiana de bactérias isoladas de casos clínicos de mastite bovina. Recolheram também esfregaços nasais de leiteiros para verificar a eventual transferência zoonótica de estirpes resistentes aos medicamentos para os seres humanos. Os autores referiram o SNC, os enterococos, os estreptococos e *a Escherichia coli* como os principais agentes patogénicos associados à mastite clínica. Observaram também que as bactérias multirresistentes eram muito comuns entre os isolados testados, especialmente no caso de estafilococos coagulase negativa e coliformes como Klebsiella, Proteus, Serratia, Citrobacter e Cedecea. Particularmente preocupante foi a deteção de Enterococos resistentes à vancomicina e à daptomicina em vacas, bem como de estafilococos resistentes à meticilina e à vancomicina, tanto em leiteiros como em vacas. Embora tenham sido encontradas espécies semelhantes tanto em humanos como em vacas, não foi detectada transmissão, como ficou evidente pelos diferentes padrões genotípicos e de suscetibilidade exibidos pelos isolados (Kateete *et al.,* 2013).

No México Central, os investigadores descobriram que os agentes patogénicos mais comuns do úbere responsáveis por causar mastite eram estafilococos coagulase-negativos (42%), estreptococos (17%) e *S. aureus,* B. stationis, B. conglomerate e Raoultella sp. (cada um com 8%). Além disso, registaram que 72,7% dos isolados bacterianos eram resistentes a três ou mais dos agentes antimicrobianos testados e a resistência era sobretudo à penicilina, à clindamicina e à cefotaxima (León-Galván *et al.*, 2015).

Recentemente, um grupo de investigação utilizou uma nova abordagem no domínio dos estudos sobre a saúde do úbere, combinando dados fenotípicos (concentração inibitória mínima, CIM) e informações sobre a sequência do genoma completo (WGS) para determinar a ocorrência de genes únicos de resistência antimicrobiana (RAM) em dois importantes agentes patogénicos da mastite, S. uberis e S. dysgalactiae. O estudo foi realizado para explorar a relação entre a suscetibilidade fenotípica e a presença de genes de resistência a AMR e características epidemiológicas. Para este efeito, os isolados bacterianos foram recolhidos de vacas leiteiras nas Províncias Marítimas do Canadá. O estudo revelou que 23 genes AMR únicos se distribuíam de forma diferente entre os isolados de S. uberis e S. dysgalactiae, sendo estes responsáveis pela sua resistência a diferentes classes de antibióticos. Verificou-se ainda que havia uma tendência para obter valores de CIM mais elevados devido à presença de genes AMR específicos, particularmente para β-lactâmicos e tetraciclinas. Embora não tenham sido observadas relações estatisticamente significativas entre as características fenotípicas e genotípicas para os β-lactâmicos e os macrólidos, as associações foram bastante relevantes no caso das lincosamidas e dos antimicrobianos tetraciclina. Estes resultados também indicaram que os isolados subclínicos podem albergar genes de RAM e, por conseguinte, devem ser considerados como potenciais propagadores da resistência à RAM nos efectivos leiteiros. Através da análise WGA, os investigadores foram capazes de fornecer uma melhor compreensão do potencial antimicrobiano destes dois importantes agentes patogénicos da mastite (Vélez *et al.*, 2017).

Para estudar a prevalência e a suscetibilidade antimicrobiana de diferentes espécies de estafilococos em explorações leiteiras e matadouros de Adis Abeba, na Etiópia, foi realizado um estudo transversal por uma equipa de investigadores (Beyene *et al.*, 2017). Para o efeito, foram recolhidas e analisadas 193 amostras de leite, carne, equipamento e seres humanos que trabalham nas explorações leiteiras e nos matadouros para deteção de espécies de estafilococos e respectivos padrões de suscetibilidade antimicrobiana. Os resultados provaram que os isolados de estafilococos das explorações leiteiras e dos matadouros eram portadores de MDR. Com exceção de um isolado de S. intermidius, todos os outros isolados testados apresentaram resistência a pelo menos três dos agentes antimicrobianos testados. Os autores sugeriram a realização de mais estudos a fim de detetar os genes apropriados responsáveis pela resistência antimicrobiana na Etiópia.

Os investigadores identificaram recentemente um novo gene de resistência aos antibióticos (gene mecD) em estirpes de Macrococcus caseolyticus resistentes à meticilina isoladas de amostras de bovinos e caninos (Schwendener *et al.*, 2017). O gene confere resistência a todos os antibióticos beta-lactâmicos, incluindo a última geração de cefalosporinas utilizadas contra o MRSA. Esta descoberta é importante, uma vez que a transferência do gene de resistência para *Staphylococcus aureus* poria em risco a utilização de antibióticos de reserva para tratar infecções humanas causadas por bactérias multirresistentes em hospitais. A resistência adquirida à meticilina nas bactérias deve-se à presença dos genes mecA, mecB ou mecC. No entanto, nenhum destes genes estava presente nas estirpes de M. caseolyticus - estas transportavam o novo gene de resistência mecD. Este facto levou os investigadores a investigar a natureza desta resistência aos β-lactâmicos por WGS e expressão genética que revelou o novo gene de resistência à meticilina mecD em novas ilhas de resistência. A presença de novos elementos genéticos contendo um novo gene de resistência à meticilina em estirpes clínicas de M. caseolyticus de origem animal realça mais uma vez o potencial das bactérias para se adaptarem a novos ambientes e para resistirem à pressão selectiva antimicrobiana dos antibióticos β-lactâmicos, que são amplamente utilizados na medicina veterinária.

Por conseguinte, a mastite bovina continua a ser, a nível mundial, um desafio importante para a indústria leiteira, apesar da aplicação generalizada de estratégias de controlo. O número crescente de estafilococos coagulase negativos (ECN) que causam mastite e de bactérias resistentes aos antibióticos convencionais tornou-se um problema grave nos últimos anos. O aparecimento de resistência antimicrobiana em casos de mastite é motivo de grande preocupação, porque a utilização de antibióticos para tratar casos clínicos durante a lactação e no início do período seco aumenta o risco de contaminação do leite com resíduos de antibióticos, o que, por sua vez, pode levar a um aumento de agentes patogénicos humanos resistentes a estes antibióticos (Sampimon *et al.*, 2011). Além disso, muitos antimicrobianos administrados a animais infectados são idênticos ou relacionados com os antimicrobianos utilizados na medicina humana, incluindo penicilinas, tetraciclinas, cefalosporinas e fluoroquinolonas. Isto é problemático porque os genes de resistência codificam frequentemente a resistência não só a um antibiótico específico, mas a toda uma classe de antimicrobianos (Laport *et al.*, 2012).

3.5. Procura de novos antibióticos:

Os antibióticos provaram ser medicamentos poderosos para o controlo de doenças infecciosas e continuam a ser uma das descobertas mais significativas da medicina moderna. No entanto, a sua utilização extensiva e sem restrições impôs uma pressão selectiva sobre as bactérias, levando ao desenvolvimento de resistência antimicrobiana (Russell, 2003). A resistência aos antibióticos é reconhecida pela Organização Mundial de Saúde (OMS) como a maior ameaça no tratamento de doenças infecciosas (Abreu *et al.*, 2012a).

A procura de novos antimicrobianos para ultrapassar os problemas de resistência tem sido, desde há muito, uma das principais prioridades de investigação da indústria farmacêutica (Baltz, 2006). No entanto, nos últimos trinta anos, apenas duas novas classes de antibióticos entraram no mercado, as oxazolidinonas e os lipopeptídeos cíclicos, ambos utilizados contra infecções bacterianas Gram-positivas (Stermitz *et al.*, 2000). Não foram desenvolvidos novos medicamentos anti-Gram-negativos.

CAPÍTULO 4
PLANTAS MEDICINAIS
4.1. Exploração de produtos naturais pelo seu potencial antibacteriano

A bioprospecção ou bioprospecção é a busca e a descoberta de produtos naturais que tenham uma aplicação farmacológica ou biológica útil (Ashforth *et al.*, 2010). Em muitos casos, a bioprospecção é uma busca de compostos orgânicos úteis em microorganismos, plantas e fungos que crescem em ambientes extremos, como florestas tropicais, desertos e fontes termais (http://www.nature.nps.gov/benefitssharing/whatis.cfm).

Os produtos naturais continuam a desempenhar um papel muito importante no processo de descoberta de medicamentos (Newman e Cragg, 2012). Os medicamentos à base de produtos naturais têm origem em fontes como as plantas terrestres, os microrganismos terrestres, os organismos marinhos e os vertebrados e invertebrados terrestres (Newman *et al.*, 2000). Os produtos naturais têm sido a fonte da maior parte dos princípios activos dos medicamentos, sobretudo antes do advento do rastreio de alto rendimento e da era pós-genómica, mais de 80% das substâncias medicamentosas eram produtos naturais ou inspirados por um composto natural (Harvey, 2008). A análise de dados de 1981 a 2006 mostrou que mais de 50% dos medicamentos aprovados pela FDA eram produtos naturais ou derivados de produtos naturais (Kingston, 2011).

Os medicamentos tradicionais continuam a fornecer farmacoterapia de primeira linha a muitos milhões de pessoas em todo o mundo. Cerca de 80% da população dos países em desenvolvimento depende das plantas medicinais para as suas necessidades de cuidados de saúde primários (Kasilo, O. M. J., 2010). As plantas medicinais têm sido utilizadas desde tempos imemoriais para o tratamento de diferentes doenças. As plantas medicinais eram utilizadas como medicamentos em bruto sob a forma de tinturas, chás, cataplasmas, pós e outras formulações à base de plantas. Os conhecimentos sobre a parte da planta utilizada e os métodos de aplicação eram transmitidos oralmente de geração em geração. No entanto, a utilização recente de plantas medicinais envolveu o isolamento de compostos biologicamente activos (Balunas e Kinghorn, 2005). A descoberta de dois dos primeiros fármacos, ou seja, o antimalárico quinino e o analgésico antipirético aspirina, preparou o terreno para a exploração de plantas medicinais para a descoberta de fármacos. Os compostos derivados de extractos medicinais são importantes para a descoberta de medicamentos devido à sua química única. São frequentemente moléculas estereoquimicamente complexas, multi ou macrocíclicas, menos susceptíveis de serem sintetizadas anteriormente, juntamente com as suas propriedades biológicas apelativas. No entanto, a caraterística mais importante é o facto de os extractos originais terem sido utilizados durante milhares de anos no contexto etanobotânico (Corson e Crews, 2007).

A descoberta de medicamentos a partir de plantas medicinais tem desempenhado um papel crucial no tratamento do cancro. Os agentes anticancerígenos de plantas atualmente em uso clínico podem ser classificados em quatro classes principais de compostos: alcalóides de vinca, epipodofilotoxinas, taxanos e camptotecinas (Balunas e Kinghorn, 2005).

Os produtos naturais também continuam a ser a principal fonte para a descoberta de medicamentos antibacterianos. Cerca de 66% de todos os medicamentos atualmente aprovados como agentes antibacterianos são produtos naturais ou derivados de produtos naturais (Brown *et al.*, 2014).

A descoberta moderna de medicamentos requer um rastreio de elevado rendimento. No entanto, para ser eficaz, esta técnica requer um grande número de compostos que não podem ser obtidos através da síntese orgânica tradicional. Duas fontes alternativas incluem a química combinatória e a biodiversidade química da natureza. As plantas medicinais oferecem um enorme potencial para o desenvolvimento de novos medicamentos. A ecologia química e a utilização tradicional podem identificar plantas ou partes de uma planta que podem ser fontes interessantes de compostos bioactivos (Verpoorte, 1998). Por conseguinte, a bioprospecção de plantas medicinais é uma fonte vital para a exploração de novos compostos bioactivos.

As plantas são tradicionalmente uma fonte de novas entidades químicas e numerosos estudos clínicos provaram o valor terapêutico das moléculas de origem vegetal no organismo humano (Gibbons, 2004). De facto, os produtos derivados de plantas superiores representam aproximadamente 25% dos medicamentos atualmente em uso clínico (Phillipson, 2007). Das mais de 350 000 espécies de plantas superiores atualmente reconhecidas, apenas 5-10% foram investigadas e, considerando que cada espécie de planta pode conter 500-800 metabolitos secundários diferentes, o potencial para a descoberta de novos produtos terapêuticos neste recurso largamente inexplorado é considerável (Sibanda e Okoh, 2007).

A pressão para encontrar novos produtos antibacterianos com novos modos de ação conduzirá à exploração de fontes vegetais para a identificação de antibacterianos novos e eficazes. O aparecimento de resistência antibacteriana motivou a exploração de novos produtos antibacterianos que visam processos celulares não essenciais, reduzindo as possibilidades de as bactérias desenvolverem resistência. Os fitoquímicos podem atuar através de mecanismos diferentes dos dos antibióticos convencionais, podendo, por isso, ter valor clínico no tratamento de bactérias resistentes. De facto, investigações preliminares sugerem que a utilização de fitoquímicos antibacterianos é uma prática altamente atractiva, particularmente no que diz respeito à emergência de bactérias MDR tanto no estado planctónico como no estado de biofilme. A perspetiva das suas potencialidades em combinação com outros produtos antibacterianos constitui outra aplicação atractiva dos fitoquímicos e deve ser objeto de um estudo mais aprofundado (Simões *et al.*, 2009).

4.2. As plantas medicinais como fonte de compostos antimicrobianos.

As plantas representam uma fonte renovável e atractiva de antimicrobianos, com muitos estudos in vitro a demonstrarem o potencial terapêutico dos produtos fitoquímicos como alternativas ou potenciadores de antibióticos. A rica diversidade química das plantas torna-as uma fonte potencial de antimicrobianos e RMAs (Abreu *et al.*, 2012b). Atualmente, não existem antibacterianos derivados de plantas com uma única entidade química utilizados clinicamente, e este grupo biologicamente diverso merece ser considerado como uma fonte de diversidade química por várias razões importantes.

Em primeiro lugar, em termos de ecologia química vegetal, é lógico que as plantas produzam metabolitos antibacterianos como parte da sua estratégia de defesa química para se protegerem contra os micróbios no seu ambiente, o que inclui muitas bactérias Grampositivas. O solo é rico em bactérias, fungos e vírus e é provável que as plantas contenham antimicrobianos latentes ou os sintetizem de novo como parte de uma resposta fitoalexica à invasão microbiana. Algumas espécies de bactérias do solo, como as Streptomyces, são patogénicas para as plantas e estão taxonomicamente relacionadas com as espécies de Mycobacterium, pelo que esta oportunidade ou "proximidade" taxonómica e especificidade podem ser exploradas.

Em segundo lugar, há inúmeros exemplos de plantas que são utilizadas tópica e sistemicamente para tratar infecções bacterianas no contexto etnobotânico (Magassouba *et al.*, 2007). Estes incluem Goldenseal (Hydrastis canadensis), espécies de Echinacea e até Umkaloabo que é um medicamento tradicional sul-africano que tem sido utilizado para "tratar" infecções de TB e que se baseia nas raízes de Pelargonium reniforme e Pelargonium sidoides. Tem de haver oportunidades para investigar antibacterianos etnobotânicos para descobrir novos fármacos, sobretudo tendo em conta a longa associação e a abundância de materiais à base de plantas que são utilizados neste domínio. Antes do advento da terapia antibiótica e mesmo dos antibacterianos sintéticos tópicos, as plantas eram amplamente aceites como recurso de materiais anti-sépticos, com plantas frescas de certos taxa a produzirem uma série de produtos naturais voláteis com atividade antibacteriana (Dupont *et al.*, 2006).

Em terceiro lugar, é a extensa química dos grupos funcionais, a quiralidade e, em última análise, a diversidade química dos fitoquímicos e dos produtos naturais em geral, que os distinguem como um valioso conjunto de moléculas bioactivas. 25% de todos os medicamentos sujeitos a receita médica devem a sua origem, direta ou indiretamente, a produtos naturais e, nos domínios dos antibióticos e dos medicamentos anticancerígenos, este número aproxima-se dos 60%. Por conseguinte, é lógico fazer prospeção neste domínio e é altamente provável que a continuação da investigação venha a produzir novos antibacterianos. A investigação sobre a caraterização dos produtos naturais citotóxicos (anticancerígenos) para os mamíferos é considerável, mas existe a possibilidade de os extractos e os seus componentes exercerem efeitos específicos sobre as células bacterianas.

Por último, os fitoquímicos são estruturalmente distintos dos produtos naturais antibióticos de origem microbiana, como as tetraciclinas e os macrólidos. É provável que esta singularidade química dê origem a classes de antibacterianos com modos de ação distintos dos compostos existentes, por exemplo, a inibição da síntese proteica. Embora o genoma completo de *S. aureus* tenha sido publicado, ainda há muito a fazer para examinar a bioquímica primária deste organismo e pode ser que os fitoquímicos apresentem novos mecanismos de ação, ou atividade em relação a alguns dos alvos mais recentes que estão a ser investigados mais exaustivamente, como a sintase de ácidos gordos de tipo II (FAS-II) (Tasdemir *et al.*, 2007).

Estes quatro pontos constituem um argumento convincente para a avaliação das plantas como fonte de novos agentes antibacterianos (Gibbons, 2008). Os esforços para isolar agentes activos nas plantas levaram à identificação de vários agentes antibacterianos, como a hormona (Gibbons, 2004).

4.3. Principais grupos de compostos antimicrobianos: As plantas

produzem uma grande variedade de metabolitos secundários que evoluíram como compostos de defesa contra herbívoros e micróbios. Um metabolito "secundário" é definido como um composto cuja biossíntese é restrita a grupos seleccionados de plantas (Pichersky e Gang, 2000). Alguns metabolitos secundários atraem insectos polinizadores ou animais dispersores de frutos; outros servem como proteção contra os raios UV ou como compostos sinalizadores. Os metabolitos secundários podem ser divididos em dois grupos principais - os que não contêm azoto e os que têm azoto nas suas estruturas. Os compostos com azoto incluem os alcalóides, as aminas, os aminoácidos não proteicos, os glicosídeos cianogénicos, os glucosinolatos, os inibidores de proteases e as lectinas. Os compostos sem azoto incluem os terpenóides, os policetídeos, os fenólicos e os poliacetilenos (Wink, 2004).

Os produtos químicos de defesa produzidos pelas plantas são geralmente classificados como fitoanticipinas, que são moléculas que estão presentes constitutivamente numa forma inativa (por exemplo, glucósidos), ou como fitoalexinas, cujos níveis aumentam fortemente em resposta à invasão microbiana ou são gerados por síntese de novo em resposta a uma infeção específica (Tegos *et al.*, 2002a). As fitoanticipinas são produtos de baixo peso molecular que estão presentes nas plantas antes do desafio dos microrganismos ou são produzidas a partir de constituintes pré-existentes após o ataque microbiano (VanEtten *et al.*, 1994). Estes fitoquímicos, como os glucosinolatos, os glucosídeos cianogénicos e os glicosídeos saponínicos, são normalmente armazenados como glicosídeos menos tóxicos nos vacúolos ou nas paredes celulares das células vegetais. Se a integridade da célula for quebrada quando penetrada por um microrganismo ou devido a outros danos, o glicosídeo entra em contacto com enzimas hidrolisantes presentes noutros compartimentos da célula, libertando uma aglicona tóxica (Osbourn, 1996).

As fitoalexinas são produtos de baixo peso molecular produzidos em resposta a elicitores, tais como estímulos microbianos, herbívoros ou ambientais (Poulev *et al.*, 2003). Quando as plantas detectam um sinal de um agente patogénico, é produzida uma mistura complexa de metabolitos secundários para controlar o invasor. Estas moléculas são sintetizadas de novo e, por conseguinte, implicam a ativação de determinados genes e enzimas necessários para a sua síntese. As fitoalexinas são quimicamente diversas e podem incluir muitas classes químicas, como derivados simples de fenilpropanóides, alcalóides, glicosteróides, flavonóides, isoflavonóides, vários produtos de enxofre, terpenos e policetídeos (Hammerschmidt, 1999). Não existe uma fronteira entre fitoalexinas e fitoanticipinas, e numa espécie de planta uma determinada substância química pode funcionar como fitoalexina, enquanto que noutra espécie tem a função de fitoanticipina. É importante salientar que a distinção entre fitoanticipinas e fitoalexinas não se baseia na sua estrutura química, mas sim na forma como são produzidas. Assim, a mesma substância química pode servir como fitoalexina e fitoanticipina, mesmo na mesma planta (Simões *et al.*, 2009).

Os compostos antimicrobianos de plantas podem ser divididos em cinco categorias amplas (Cowan, 1999), como se refere a seguir e se mostra no Quadro 2.

A.   Fenólicos e polifenóis

1. Fenóis simples e ácidos fenólicos. Alguns dos fitoquímicos bioactivos mais simples são constituídos por um único anel fenólico substituído. O catecol, o epicatecol, o eugenol e o pirogalol são fenóis hidroxilados tóxicos para os microrganismos. O eugenol encontra-se no azeite e é bacteriostático tanto para as bactérias como para os fungos. Os ácidos cinâmico e cafeico são exemplos de ácidos fenólicos que afectam os vírus, as bactérias e os fungos.

Modo de ação: Inibição enzimática pelos compostos oxidados, possivelmente através da reação com grupos sulfidrilo ou através de interacções mais inespecíficas com as proteínas.

2. Quinonas. As quinonas são anéis aromáticos com duas substituições de cetona. São compostos coloridos responsáveis pela reação de escurecimento em frutos e vegetais cortados ou feridos e são um intermediário na via de síntese da melanina na pele humana. A sua presença na hena confere a este material as suas propriedades tintoriais. Sabe-se que as quinonas se complexam irreversivelmente com os aminoácidos nucleofílicos das proteínas, levando frequentemente à inativação da proteína e à perda de função. Por esta razão, a gama potencial de efeitos antimicrobianos das quinonas é grande. Os alvos prováveis na célula microbiana são as adesinas expostas à superfície, os polipéptidos da parede celular e as enzimas ligadas à membrana. As quinonas podem também tornar os substratos indisponíveis para o microrganismo. A hipericina, uma antraquinona da erva de São João (Hypericum perforatum) é um exemplo importante deste grupo.

3. Flavonas, flavonóides e flavonóis. As flavonas são compostos fenólicos com um grupo carbonilo. Os flavonóis são estruturas fenólicas com um grupo 3-hy-droxil. Os flavonóides são fenóis hidroxilados com uma unidade C6-C3 ligada a um anel aromático. Sabe-se que são sintetizados pelas plantas em resposta a uma infeção microbiana.

Modo de ação: Complexos com proteínas extracelulares e solúveis e também com paredes celulares bacterianas. Os flavonóides lipofílicos podem também romper as membranas microbianas.

Exemplos de flavonas, flavonóis e flavonóides incluem a abissinona, o totarol e a crisina.

4. Taninos. São substâncias fenólicas capazes de curtir o couro ou de precipitar a gelatina em solução, propriedade conhecida como adstringência. São de dois tipos: os taninos hidrolisáveis e os taninos condensados. Os taninos hidrolisáveis têm por base o ácido gálico, geralmente sob a forma de ésteres com D-glucose. Os taninos condensados ou proantocianidinas são mais numerosos e derivados de monómeros de flavonóides.

Modo de ação: Formam complexos com proteínas através de forças não específicas, como a ligação de hidrogénio, efeitos hidrofóbicos, bem como pela formação de ligações covalentes. Inactivam adesinas microbianas, enzimas e proteínas de transporte do envelope celular. Alguns destes compostos também se complexam com polissacáridos.

5. Cumarinas. As cumarinas são substâncias fenólicas formadas por anéis de benzeno e α-pirona usados. As fitoalexinas são derivados hidroxilados das cumarinas, produzidos nas cenouras em resposta a infecções fúngicas, podendo presumir-se que têm atividade antifúngica.

B. Terpenóides e óleos essenciais.

A fragrância das plantas está presente na "quinta essentia" ou fração de óleo essencial, que são metabolitos secundários ricos em terpenos. Os terpenos baseiam-se numa estrutura de isopreno e a sua fórmula química geral é $C10H16$. Apresentam-se sob a forma de di-, tri- e tetraterpenos (C20, C30 e C40), bem como de hemi- (C5) e sesquiterpenos (C15).

Os terpenos que contêm elementos adicionais, geralmente oxigénio, são designados terpenóides. Exemplos de terpenóides incluem o metanol e a cânfora (monoterpenos) e o farnesol e a artemisina (sesquiterpenóides). Os terpenos ou terpenóides são activos contra bactérias, fungos, vírus e protozoários.

Modo de ação: Provavelmente através da rutura das membranas pelos compostos lipofílicos.

C. Alcalóides. Trata-se de compostos heterocíclicos de azoto. Os alcalóides diterpenóides, normalmente isolados de Ranunculaceae ou da família dos ranúnculos, possuem propriedades antimicrobianas.

D. Lectinas e polipéptidos. Os péptidos inibidores de microrganismos são frequentemente carregados positivamente e contêm ligações dissulfureto.

Modo de ação: Formação de canais iónicos na membrana microbiana ou inibição competitiva da adesão de proteínas microbianas aos receptores polissacáridos do hospedeiro.

As tioninas são péptidos que se encontram habitualmente na cevada e no trigo e são tóxicas para leveduras e bactérias gram-negativas e gram-positivas. A fabatina, um péptido da fava, inibe a *E. coli*, a *P. aeruginosa* e a *Enterococcus hirae*.

E. Outros compostos.

Exemplos de outras classes importantes de compostos antimicrobióticos incluem poliaminas (em particular a espermidina), isotiocianatos, tiossulfinatos e glucósidos. Poliacetilenos como 8S-heptadeca-2(Z), 9(Z)-dieno-4, 6-diino-1,8-diol inibem o crescimento de *S. aureus* e *B. subtilis*.

Tabela 2. Lista de espécies de plantas com fitoquímicos isolados com potencial atividade antibacteriana.

S.N.	Espécies vegetais	Fitoquímico	Classe	*Bactérias*
1.	*Vitis sp.* (videira)	Heyneanol A	Lignano	MRSA, *E. faecium, Streptococcus agalactiae S. pyogenes*
2.	*Piper regnelli*	Eupomatenoide-6 Eupo-5,3 Conocarpan	Fenólicos	*S. aureus*
3.	*Erythrina subumbrans*	Erybraedin A Erythrabyssin Erystagallin A	Fenólicos	*Staphylococci spp. Streptococcus spp.*
4.	*Dorstenia barteri*	Kanzonol c	Fenólicos	*Staphylococci spp. Streptococcus spp.*
5.	*Vismia Iaurentii*	Quinones	Quinones	*Streptococcus spp.*
6.	*Curcuma xanthorrhiza*	Xanthorrhizol	Sesquiterpenos	*S. aureus*
7.	*Garcinia cowa*	Mangostanina	Xantonas	*S.aureus*
8.	*Rheedia brasilensis*	Clusianone	Quinona	*Streptococcus mutans*
9.	*Aspilia goliacea*	Kaurane	Diterpeno	*Streptococcus sp*
10.	*Salvia officinalis*	Ácido oleânico Ácido ursólico	Triterpenos	*Streptococcus* MRSA
11.	*Irvinga gabonensis*	Ácido metililágico	Macrólidos	Várias spp.
12.	*Amomum aculeatum*	Aculeatina D		*E. coli S. epidermis*
13.	*Artemisia asiatica*	Cineole	Monoterpenos	*E. coli S. aureus*
14.	*Clausena heptaphylla*	Alcaloide	Alcaloide	*E. coli S. aureus*
15.	*Piper nigrum*	Piperina	Alcaloide	*E. coli E. faecalis*

16.	*Matricaria chamomilla*	Ácido antrémico	Ácido fenólico	*S. aureus*
17.	Ginseng *(Panax sp)*	Saponinas		*E. coli, S. aureus*
18.	*Bérberis*	Berberina	Alcaloide	*S. aureus*
19.	*Piper sp.*	Piperina	Alcaloide	*S. aureus*
20.	*Thymus vulagaris*	Carvacrol e timol		*S. aureus* *E. coli*
21.	Chá verde *(Camellia sinensis)*	Galato de epicatequina, galato de epigalocatequina	Flavonóides	MRSA
22.	*Elaegnus glabra*	Flavonóides	Flavonóides	*S. aureus*
23.	Óleos essenciais	Acetato de linalilo Mentol Timol	Monoterpenos	*S. aureus*
24.	*Moringa olifera*	Péptido		*E. coli* *S. aureus* *Streptococcus pyogenes* *Enterococcus faecalis*
25.	Várias espécies de plantas.	Quercetina	Flavonóides	*E. coli*
26.	*Rawfolia serpentina*	Reserpina	Alcaloide	*S. aureus*
27.	*Chamaecyparis nootakatensis*	Totarol	Diterpeno	*S. aureus*
28.	*Malaleuca alternifolia*	Cineol Terpinen-4-ol α-terpineol	Monoterpenos	*E. coli* *S. aureus*
29.	*Xenorhabdus luminescens*	Stilbene		*E.coli*
30.	Cardo mariano *(Silybum marianum)*	Silibina	Flavolignano	MDR

4.4. Mecanismo de ação dos antibacterianos vegetais:

As estratégias antibacterianas botânicas podem estar relacionadas com fitoquímicos específicos e com extractos de plantas caracterizados pela atividade inibitória da bomba de efluxo bacteriano, do quorum sensing ou da formação de biofilme (Savoia, 2012).

Os inibidores das bombas de efluxo incluem moléculas sintéticas e de produtos naturais. Foi demonstrado que as plantas, em particular, produzem vários inibidores de proteínas de efluxo de antibióticos; estes incluem a reserpina, um dos primeiros inibidores de bombas que demonstrou potenciar antibióticos em bactérias Gram-positivas (Stavri *et al.*, 2007). O grupo de Lewis demonstrou que, no caso do antibiótico berberina, as espécies de plantas produzem simultaneamente 5'-metoxihidnocarpina, um inibidor das proteínas de efluxo facilitadoras principais (Stermitz *et al.*, 2000), presumivelmente para ultrapassar o problema da resistência aos antibióticos. Recentemente, este grupo demonstrou que a associação química de um antibiótico e de um inibidor da bomba de efluxo permite obter compostos híbridos bem sucedidos com atividade contra bactérias resistentes (Talbot *et al.*, 2006).

Os biofilmes são o modo de vida padrão de muitas espécies bacterianas e as infecções baseadas em biofilmes causam danos a milhões de seres humanos anualmente. A dificuldade de erradicar as bactérias dos biofilmes com tratamentos antibióticos sistémicos clássicos é uma das principais preocupações da medicina. Em particular, a capacidade dos estafilococos de aderirem tanto a células eucarióticas como a superfícies abióticas e de formarem biofilmes são factores de virulência importantes nas infecções crónicas associadas a biomateriais implantados, que são particularmente difíceis de erradicar. Recentemente, Artini *et al.*, avaliando quatro compostos derivados de partes aéreas e de raízes de *Krameria lappacea, Aesculus hippocastanum, Chelidonium majus* e *Macleya cordata* que continham vários alcalóides e flavonóides, revelaram uma atividade potencialmente interessante sobre estafilococos, microrganismos clinicamente significativos também para a emergência de variantes resistentes à meticilina (Artini *et al.*, 2012). Dois compostos em particular, proAc (proantocianidina A2-fosfatidilcolina) isolado de A. hippocastanum e CH (queleritrina) purificado de Macleya cordata, exibiram uma inibição da formação de biofilme "de novo" sem atividade bactericida. Um composto (1-deoxinoijirimicina) purificado de Morus alba inibiu a formação de biofilme de S. mutans, um dos principais organismos causadores de cáries dentárias, reduzindo a secreção de polissacáridos extracelulares bacterianos (Islam *et al.*, 2008).

Os exemplos apresentados nesta revisão, como o arando, a erva de São João, o óleo de chá de árvore e o chá verde, demonstram que mesmo os extractos de plantas de uso comum podem oferecer novas perspectivas de tratamento de infecções bacterianas, incluindo bactérias multirresistentes. Um exemplo interessante é a erva de São João e o seu constituinte ativo hiperforina, ambos com uma atividade significativa contra o MRSA em baixas concentrações. Esta descoberta farmacológica baseou-se na utilização etnomédica da erva de São João para tratar infecções cutâneas e feridas. Estes dados indicam que as plantas medicinais oferecem um potencial significativo para o desenvolvimento de novas terapias antibacterianas e tratamentos adjuvantes (ou seja, inibidores da bomba MDR). Literalmente, milhares de espécies de plantas foram testadas e muitas têm atividade in vitro. No entanto, muito poucas destas plantas medicinais foram testadas em estudos com animais ou humanos para determinar a segurança e a eficácia. Assim, existe um imenso potencial para a investigação e o desenvolvimento de terapias antimicrobianas à base de plantas (Mahady, 2005).

CAPÍTULO 5
OS NOSSOS ESTUDOS E O NOSSO OBJECTIVO FUTURO

A mastite bovina continua a ser a doença mais frequente e dispendiosa do gado leiteiro em todo o mundo (Ruegg, 2010). A utilização de antibióticos convencionais contra a mastite bovina levou ao aparecimento de estirpes resistentes aos antibacterianos (Tenhagen *et al.*, 2006). As plantas medicinais, sendo um componente essencial da medicina etnoveterinária, são particularmente importantes nos cuidados de saúde animal nos países em desenvolvimento (van der Merwe *et al.*, 2001). As plantas medicinais são utilizadas há milénios no tratamento de infecções e podem servir de fonte alternativa para combater bactérias multirresistentes (Wright e Sutherland, 2007). As plantas medicinais utilizadas contra a mastite bovina podem ter diferentes propriedades biológicas (Figura 1).

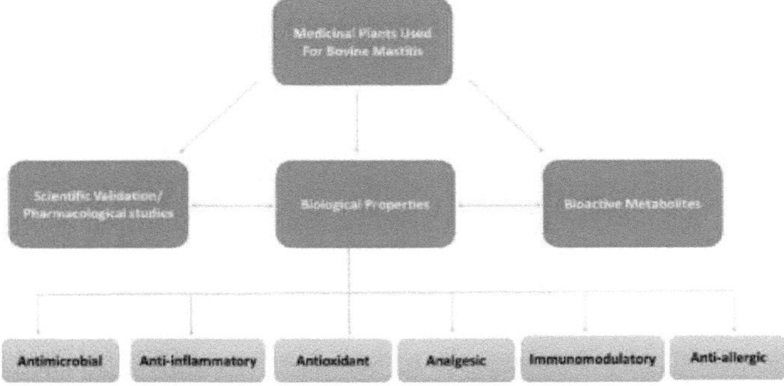

Figura 1. Propriedades biológicas das plantas medicinais utilizadas no tratamento da mastite bovina

Mushtaq *et al.*, 2016a avaliaram algumas plantas medicinais tradicionalmente utilizadas contra alguns dos agentes patogénicos importantes da mastite. Estes estudos relataram pela primeira vez os estudos fitoquímicos e antibacterianos da *Aquilegia fragrans* contra os agentes patogénicos da mastite bovina. O extrato bruto e dois compostos isolados, isto é, a Glochidionolactona A e a Magnoflorina, inibiram fracamente o crescimento de agentes patogénicos importantes da mastite, tais como *Staphylococcus aureus*, *Escherichia coli*, *Klebsiella pneumoniae* e Staphylococci coagulase negativa. Do mesmo modo, o extrato de metanol e três compostos isolados, ou seja, a talrugosaminina, a O-metiltalicberina e a 5'-hidroxitalidasina de Thalictrum minus inibiram o crescimento de agentes patogénicos importantes da mastite, como *Staphylococcus aureus*, *Escherichia coli*, *Klebsiella pneumoniae* e estafilococos coagulase negativos (Mushtaq *et al.*, 2016b). Os compostos exibiram actividades cerca de duas a três vezes melhores do que o extrato bruto. De acordo com (Fabry *et al.*, 1998; Mulaudzi *et al.*, 2012), os extractos brutos com valores de CIM inferiores a 8 mg/ml são considerados como tendo boa atividade, enquanto os compostos puros devem ter valores de CIM inferiores a 1 mg/ml (Gibbons, 2005). Por conseguinte, os resultados globais deste estudo podem ser considerados significativos tendo em vista o desenvolvimento de antimicrobianos fortes a partir de plantas.

Uma vez que as plantas medicinais são um importante recurso de produtos naturais que vale a pena explorar para a descoberta de novos metabolitos bioactivos. Por conseguinte, deve ser efectuada uma investigação aprofundada para explorar o potencial antimicrobiano das plantas medicinais, o que poderá levar à identificação de agentes antibacterianos novos e promissores. Estes agentes antibacterianos podem ter aplicações farmacêuticas como antibióticos ou como anti-sépticos tópicos no futuro.

REFERÊNCIAS

Abreu, A.C., McBain, A.J., Simões, M., Simmoes, M., 2012. As plantas como fontes de novos antimicrobianos e agentes modificadores da resistência. Natural product reports 29, 1007-1021. doi:10.1039/c2np20035j

Alekshun, M.N., Levy, S.B., 2007. Molecular Mechanisms of Antibacterial Multidrug Resistance [Mecanismos Moleculares da Resistência Multidroga Antibacteriana]. Cell 128, 1037-1050. doi:10.1016/j.cell.2007.03.004

Artini, M., Papa, R., Barbato, G., Scoarughi, G.L., Cellini, A., Morazzoni, P., Bombardelli, E., Selan, L., 2012. Atividade inibitória da formação de biofilme bacteriano revelada para compostos naturais derivados de plantas. Bioorganic and Medicinal Chemistry 20, 920-926. doi:10.1016/j.bmc.2011.11.052

Ashforth, E.J., Fu, C., Liu, X., Dai, H., Song, F., Guo, H., Zhang, L., 2010. Bioprospecção de pistas antituberculose a partir de metabolitos microbianos. Natural product reports 27, 1709-1719. doi:10.1039/c0np00008f

Baltz, R.H., 2006. Molecular engineering approaches to peptide, polyketide and other antibiotics (Abordagens de engenharia molecular para péptidos, policetídeos e outros antibióticos). Nat Biotechnol 24, 1533-1540. doi:10.1038/nbt1265

Balunas, M.J., Kinghorn, A.D., 2005. Drug discovery from medicinal plants. Life Sciences 78, 431-441. doi:10.1016/j.lfs.2005.09.012

Behiry, A. El, Zahran, R.N., Tarabees, R., Marzouk, E., 2014. Técnicas de avaliação fenotípica e genotípica para a identificação de alguns agentes patogénicos da mastite contagiosa 8, 226-232.

Bengtsson, B., Unnerstad, H.E., Ekman, T., Artursson, K., Nilsson-Ost, M., Waller, K.P., 2009. Suscetibilidade antimicrobiana de agentes patogénicos do úbere em casos de mastite clínica aguda em vacas leiteiras. Veterinary Microbiology 136, 142-149. doi:10.1016/j.vetmic.2008.10.024

Berghash, S.R., Davidson, J.N., Armstrong, J.C., Dunny, G.M., 1983. Effects of antibiotic treatment of nonlactating dairy cows on antibiotic resistance patterns of bovine mastitis pathogens. Antimicrob. Agents Chemother. 24, 771-776. doi:10.1128/aac.

Beyene T et al. Prevalência e perfil de resistência antimicrobiana de Staphylococcus em explorações leiteiras, matadouros e seres humanos em Addis Abeba, Etiópia. BMC Research Notes 2017; 10: 1-9. doi: 10.1186/s13104-017-2487-y

Bradley, A.J., 2002. Bovine mastitis: An evolving disease. Veterinary Journal 164,

116-128. doi:10.1053/tvjl.2002.0724

Bradley, A.J., Leach, K.A., Breen, J.E., Green, L.E., Green, M.J., 2007. Survey of the incidence and aetiology of mastitis on dairy farms in England and Wales (Inquérito sobre a incidência e etiologia da mastite em explorações leiteiras em Inglaterra e no País de Gales). Vet Rec 160, 253-257. doi:10.1136/vr.160.8.253

Brown, D.G., Lister, T., May-Dracka, T.L., 2014. Novos produtos naturais como novas pistas para a descoberta de medicamentos antibacterianos. Cartas de Química Bioorgânica e Medicinal 24, 413-418. doi: 10.1016 / j.bmcl.2013.12.059

Brown, D.G., Lister, T., May-Dracka, T.L., 2014. Novos produtos naturais como novas pistas para a descoberta de medicamentos antibacterianos. Cartas de Química Bioorgânica e Medicinal 24, 413-418. doi: 10.1016 / j.bmcl.2013.12.059

Contreras, G.A., Rodríguez, J.M., 2011. Mastite: Etiologia e epidemiologia comparadas. Journal of Mammary Gland Biology and Neoplasia 16, 339-356. doi:10.1007/s10911-011-9234-0

Corson, T.W., Crews, C.M., 2007. Molecular Understanding and Modern Application of Traditional Medicines (Compreensão molecular e aplicação moderna de medicamentos tradicionais): Triumphs and Trials. Cell 130, 769-774. doi:10.1016/j.cell.2007.08.021

Cowan, M.M., 1999. REVISÕES DE MICROBIOLOGIA CLÍNICA. Produtos vegetais como agentes antimicrobianos. doi:10.1128/CMR.00032-09

Cox, P.A., 2000. Irá o conhecimento tribal sobreviver ao milénio? Science (Nova Iorque, N.Y.) 287, 44-45. doi:10.1126/science.287.5450.44

Dar, G.H., Bhagat, R.C., Khan, M.A., 2002. Biodiversity of the Kashmir Himalaya, Valley Book House, Srinagar, Índia. Páginas 120.

Dupont, S., Caffin, N., Bhandari, B., Dykes, G. a., 2006. Atividade antibacteriana in vitro de extractos de ervas nativas australianas contra bactérias relacionadas com alimentos. Alimentar
Control 17, 929-932. doi:10.1016/j.foodcont.2005.06.005

El-Jakee, J.K., Aref, N.E., Gomaa, A., El-Hariri, M.D., Galal, H.M., Omar, S. a., Samir, A., 2013. Emergência de estafilococos coagulase negativos como causa de mastite em animais leiteiros: Um perigo ambiental. Jornal Internacional de Ciência e Medicina Veterinária 1, 74-78. doi:10.1016/j.ijvsm.2013.05.006

Erskine, R.J., Walker, R.D., Bolin, C.A., Bartlett, P.C., White, D.G., 2002. Trends in antibacterial susceptibility of mastitis pathogens during a seven-year period

(Tendências na suscetibilidade antibacteriana dos agentes patogénicos da mastite durante um período de sete anos). Journal of Dairy Science 85, 1111-1118. doi:10.3168/jds.S0022-0302(02)74172-6

Fabry, W., Okemo, P.O., Ansorg, R., 1998. Atividade antibacteriana de plantas medicinais da África Oriental. Journal of Ethnopharmacology 60, 79-84. doi:10.1016/S0378- 8741(97)00128-1

Fajardo, A., Fajardo, A., Martínez-Martín, N., Martínez-Martín, N., Mercadillo, M., Mercadillo, M., Galán, J.C., Galán, J.C., Ghysels, B., Ghysels, B., Matthijs, S., Matthijs, S., Cornelis, P., Cornelis, P., Wiehlmann, L., Wiehlmann, L., Tümmler, B., Tümmler, B., Baquero, F., Baquero, F., Martínez, J.L., Martínez, J.L., 2008. The neglected intrinsic resistome of bacterial pathogens. PloS one 3, e1619. doi:10.1371/journal.pone.0001619

Fox, L.K., Besser, T.E. Jackson, S.M., 1996. Evaluation of a coagulase-negative variant of *Staphylococcus aureus as a* cause of intrammary infections in a herd of dairy cattle. Journal of the American Veterinary Medical Association, 209, 1143-1146.

Gibbons, S., 2004. Produtos naturais de plantas anti-estafilocócicas. Natural Product Reports 21, 263-277. doi:10.1039/b212695h

Gibbons, S., 2005. As plantas como fonte de moduladores da resistência bacteriana e de agentes anti-infecciosos. Phytochemistry Reviews 4, 63-78. doi:10.1007/s11101-005- 2494-9

Gibbons, S., 2008. Fitoquímicos para resistência bacteriana - Pontos fortes, fraquezas e oportunidades. Planta Medica 74, 594-602. doi:10.1055/s-2008- 1074518

Gindonis, V., Taponen, S., Myllyniemi, A.L., Pyorala, S., Nykasenoja, S., Salmenlinna, S., Lindholm, L., Rantala, M., 2013. Ocorrência e caraterização de estafilococos resistentes à meticilina a partir de amostras de leite de mastite bovina na Finlândia. Ata Vet Scand 55, 147-1751. doi:10.1186/1751-0147-55-61

Gould, I.M., 2009. Antibiotic resistance: the perfect storm [Resistência aos antibióticos: a tempestade perfeita]. International Journal of Antimicrobial Agents 34, S2-S5. doi:10.1016/S0924-8579(09)70549-7

Guérin-Faublée, V., Tardy, F., Bouveron, C., Carret, G., 2002. Antimicrobial susceptibility of Streptococcus species isolated from clinical mastitis in dairy cows. International Journal of Antimicrobial Agents 19, 219-226. doi:10.1016/S0924-8579(01)00485-X

Gurib-Fakim, A., 2006. Plantas medicinais: Tradições de ontem e fármacos de amanhã. Aspectos moleculares da medicina27, 1-93. doi:10.1016/j.mam.2005.07.008

Hagnestam-Nielsen, C., Ostergaard, S., 2009. Impacto económico da mastite clínica num efetivo leiteiro avaliado por simulação estocástica utilizando diferentes métodos para modelar as perdas de rendimento. Animal: uma revista internacional de biociência animal 3, 315-28. doi:10.1017/S1751731108003352

Hammerschmidt, R., 1999. Fitoalexinas: O que aprendemos após 60 anos? AnnualReviewofPhytopathology37, 285-306. doi:10.1146/annurev.phyto.37.1.285

Harvey, A.L., 2008. Produtos naturais na descoberta de medicamentos. Drug Discovery Today 13, 894-901. doi:10.1016/j.drudis.2008.07.004

Haveri, M., Roslof, A., Rantala, L., Pyorala, S., 2007. Virulence genes of bovine *Staphylococcus aureus* from persistent and nonpersistent intrammary infections with different clinical characteristics. Journal of Applied Microbiology 103, 993-1000. doi:10.1111/j.1365-2672.2007.03356.x

Hoareau, L., DaSilva, E.J., 1999. Plantas medicinais: Uma ajuda à saúde que está a ressurgir. Revista Eletrónica de Biotecnologia 2, 56-70. doi:10.2225/vol2-issue2-fulltext- 2

Holmes, M. a., Zadoks, R.N., 2011. *S. aureus* resistente à meticilina na mastite humana e bovina. Journal of Mammary Gland Biology and Neoplasia 16, 373-382. doi:10.1007/s10911-011-9237-x

IPCC, 2013. Contribuição do Grupo de Trabalho I para o Quinto Relatório de Avaliação do PIAC - Resumo para os decisores políticos. Climate Change 2013: The Physical Science Basis 53, 1-36. doi:10.1017/CBO9781107415324.004

Islam, B., Khan, S.N., Haque, I., Alam, M., Mushfiq, M., Khan, A.U., 2008. Nova atividade anti-aderência das folhas de amoreira: inibição do biofilme de Streptococcus mutans por 1-deoxinojirimicina isolada de *Morus alba*. The Journal of antimicrobial chemotherapy 62, 751-7. doi:10.1093/jac/dkn253

Jones, G.M., Bailey, T.L., 2009. Understanding the Basics of Mastitis (Compreender os princípios básicos da mastite). Virginia Cooperative Extension 404, 1-5. doi:10.1108/02621711111098406

Juhász-Kaszanyitzky, É., Jánosi, S., Somogyi, P., Dán, Á., Van Der Graaf-van Bloois, L., Van Duijkeren, E., Wagenaar, J.A., 2007. Transmissão de MRSA entre vacas e seres humanos. Doenças Infecciosas Emergentes 13, 630-632.

doi:10.3201/eid1304.060833

Kalmus, P., Aasmae, B., Karssin, A., Orro, T., Kask, K., 2011. Patógenos do úbere e sua resistência a agentes antimicrobianos em vacas leiteiras na Estónia. Ata veterinaria Scandinavica 53, 4. doi:10.1186/1751-0147-53-4

Kasilo, O.M.J., Trapsida, J.M., Mwikisa, C.N., Lusamba-Dikassa, P.S., 2010. Uma visão geral da situação da medicina tradicional na Região Africana. The African Health Monitor, revista do Gabinete Regional da Organização Mundial de Saúde para África (WHOAFRO).

Kateete, D.P., Kabugo, U., Baluku, H., Nyakarahuka, L., Kyobe, S., Okee, M., Najjuka, C.F., Joloba, M.L., 2013. Prevalência e padrões de suscetibilidade antimicrobiana de bactérias de leiteiros e vacas com mastite clínica em Kampala e arredores, Uganda. PloS one 8, e63413. doi:10.1371/journal.pone.0063413

Kerro Dego, O., van Dijk, J.E., Nederbragt, H., 2002. Factores envolvidos na patogénese precoce da mastite bovina por *Staphylococcus aureus*, com ênfase na adesão e invasão bacterianas. A review. The Veterinary quarterly 24, 181-198. doi:10.1080/01652176.2002.9695135

Kingston, D.G.I., 2011. Modern natural products drug discovery and its relevance to biodiversity conservation. Journal of Natural Products 74, 496-511. doi:10.1021/np100550t

Kuete, V., 2010. Potencial das plantas dos Camarões e produtos derivados contra infecções microbianas: Uma revisão. Planta Medica 76, 1479-1491. doi:10.1055/s-0030-1250027

Laport, M.S., Marinho, P.R., Santos, O.C.D.S., de Almeida, P., Romanos, M.T.V., Muricy, G., Brito, M.A.V.P., Giambiagi-deMarval, M., 2012. Atividade antimicrobiana de esponjas marinhas contra estafilococos coagulase-negativos isolados de mastite bovina. Veterinary Microbiology 155, 362368. doi:10.1016/j.vetmic.2011.09.004

Leitner, G., Merin, U., Silanikove, N., 2011. Efeitos da infeção bacteriana glandular e do estágio de lactação nos parâmetros de coagulação do leite: Comparação entre vacas, cabras e ovelhas . InternationalDairyJournal . doi:10.1016/j.idairyj.2010.11.013

Leonard, F.C., Markey, B.K., 2008. *Staphylococcus aureus* resistente à meticilina em animais: uma revisão. Veterinary Journal 175, 27-36. doi:10.1016/j.tvjl.2006.11.008

León-Galván MF et al. Deteção molecular e sensibilidade a antibióticos e bacteriocinas de agentes patogénicos isolados de mastite bovina em rebanhos leiteiros familiares do México central. BioMed Research International 2015; 1-9. doi: 10.1155/2015/615153

Locke, H., Meldrum, H., 2011. Use and misuse of antimicrobials (Utilização e utilização incorrecta de antimicrobianos). Veterinary Record 169, 25-25. doi:10.1136/vr.d4087

Lusamba-dikassa, P.S., 2010. N.º Título 7-15.

Lyons, N. a, Alexander, N., Stark, K.D.C., Dulu, T.D., Sumption, K.J., James, A.D., Rushton, J., Fine, P.E.M., 2015. Impacto da febre aftosa na produção de leite numa exploração leiteira de grande escala no Quénia. Medicina veterinária preventiva 120, 177-86. doi:10.1016/j.prevetmed.2015.04.004

Magassouba, F.B., Diallo, A., Kouyaté, M., Mara, F., Mara, O., Bangoura, O., Camara, A., Traoré, S., Diallo, A.K., Zaoro, M., Lamah, K., Diallo, S., Camara, G., Traoré, S., Kéita, A., Camara, M.K., Barry, R., Kéita, S., Oularé, K., Barry, M.S., Donzo, M., Camara, K., Toté, K., Berghe, D. Vanden, Totté, J., Pieters, L., Vlietinck, A.J., Baldé, A.M., 2007. Levantamento etnobotânico e atividade antibacteriana de algumas plantas utilizadas na medicina tradicional guineense. Journal of Ethnopharmacology 114, 44-53. doi:10.1016/j.jep.2007.07.009

Mahady, G.B., 2005. Plantas medicinais para a prevenção e tratamento de infecções bacterianas. Current Pharmaceutical Design 11, 2405-2427. doi:10.2174/1381612054367481

McChesney, J.D., Venkataraman, S.K., Henri, J.T., 2007. Produtos naturais de plantas: De volta ao futuro ou em extinção? Phytochemistry 68, 2015-2022. doi:10.1016/j.phytochem.2007.04.032

McDaniel CJ et al. Humanos e gado: uma revisão das zoonoses bovinas. Doenças Transmitidas por Vectores e Zoonóticas 2014; 14: 1-19.

Middleton, J.R., Fales, W.H., Luby, C.D., Oaks, J.L., Sanchez, S., Kinyon, J.M., Wu, C.C., Maddox, C.W., Welsh, R.D., Hartmann, F., 2005. Surveillance of *Staphylococcus aureus* in veterinary teaching hospitals (Vigilância de *Staphylococcus aureus* em hospitais veterinários de ensino). Journal of Clinical Microbiology 43, 2916-9. doi:10.1128/JCM.43.6.2916-2919.2005

Milner, P., Page, K.L., Walton, A.W., Hillerton, J.E., 1996. Deteção de mastite clínica por alterações na condutividade eléctrica do leite anterior antes de alterações visíveis no leite. Journal of Dairy Science 79, 83-86. doi:10.3168/jds.S0022-0302 (96)76337-

Mir, A.Q., Bansal, B.K., Gupta, DAccess, O.K., Angad, G., Veterinary, D., 2014. Mastite subclínica em fazendas leiteiras com ordenha mecânica em Punjab: prevalência, distribuição de bactérias e antibiograma atual. Mundo Veterinário 7, 291-294. doi:10.14202/vetworld.2014.291-294

Moxnes, J.F., de Blasio, B.F., Leegaard, T.M., Moen, A.E.F., 2013. *Staphylococcus aureus* resistente à meticilina (MRSA) está a aumentar na Noruega: uma análise de séries temporais de casos notificados de MRSA e *S. aureus* sensível à meticilina, 1997-2010. PloS one 8, e70499. doi:10.1371/journal.pone.0070499

Mubarack, H.M., Doss, A., Dhanabalan, R., Venkataswa, R., 2011. Atividade de alguns extractos de plantas medicinais seleccionados contra agentes patogénicos da mastite bovina. Journal of Animal and Veterinary Advances 10,   738-741. doi:10.3923/javaa.2011.738.741

Mulaudzi, R.B., Ndhlala, A.R., Kulkarni, M.G., Van Staden, J.,   2012. Propriedades farmacológicas e capacidade de ligação a proteínas de extractos fenólicos de algumas plantas medicinais de Venda utilizadas contra a tosse e a febre. Journal of Ethnopharmacology 143, 185-93. doi:10.1016/jjep.2012.06.022

Mushtaq, S., Aga M.A., Qazi, P.H., Ali, M.N., Shah, A.M., Lone, S.A., Shah, A., Hussain, A., Rasool, F., Dar, H., Shah, Z.H., Lone, S.H., 2016a. Isolamento, caraterização e quantificação por HPLC de compostos de *Aquilegia fragrans* Benth: As suas actividades antibacterianas in vitro contra agentes patogénicos da mastite bovina. Jornal de Etnofarmacologia 178, 9-12.

Mushtaq, S., Rather, M.A., Qazi, P.H., Aga, M.A., Shah, A.M., Shah, A., Ali, M.N., 2016b. Isolamento e caraterização de três *alcalóides* de benzilisoquinolina de *Thalictrum minus* L. e sua atividade antibacteriana contra a mastite bovina. Journal of Ethnopharmacology 193: 221-226.

Nam HM et al. Antimicrobial resistance of streptococci isolated from mastitic bovine milk samples in Korea [Resistência antimicrobiana de estreptococos isolados de amostras de leite bovino mastítico na Coreia]. Journal of Veterinary Diagnostic Investigation 2009; 21: 698-701. doi: 10.1177/104063870902100517

Conselho Nacional de Mastite, 2015. Um olhar prático sobre a mastite contagiosa. Qualidade Global do Leite. URL https://nmconline.org/contmast.htm

Newman, D.J., Cragg, G.M., 2012. Produtos naturais como fontes de novos medicamentos ao longo dos 30 anos de 1981 a 2010. Journal of Natural Products 75, 311-335. doi:10.1021/np200906s

Newman, D.J., Cragg, G.M., Snader, K.M., 2000. The influence of natural products upon drug discovery (Antiquity to late 1999). Natural Product Reports. doi:10.1039/a902202c

Osbourn, A., 1996. Preformed Antimicrobial Compounds and Plant Defense against Fungal Attack (Compostos antimicrobianos pré-formados e defesa de plantas contra ataques de fungos). The Plant cell 8, 1821-1831. doi:10.1105/tpc.8.10.1821

Ott S. Costs of herd-level production losses associated with subclinical mastitis in US dairy cows. Actas da 38ª reunião anual. Conselho Nacional de Mastite, Arlington VA. Conselho Nacional de Mastite, Madison WI. 1999; 152-156.

Oviedo-Boyso, J., Valdez-Alarcón, J.J., Cajero-Juárez, M., Ochoa-Zarzosa, A., López-Meza, J.E., Bravo-Patiño, A., Baizabal-Aguirre, V.M., 2007. Resposta imune inata da glândula mamária bovina a bactérias patogénicas responsáveis pela mastite. Journal of Infection 54, 399-409. doi:10.1016/j.jinf.2006.06.010

Oyedemi, S.O., Afolayan, A.J., 2011. Actividades antibacterianas e antioxidantes do extrato hidroalcoólico da casca do caule de Schotia latifolia Jacq. Asian Pacific Journal of Tropical Medicine 4, 952 - 958. doi: 10.1016/S1995-7645(11)60225-3.

Phillipson, J.D., 2007. Phytochemistry and pharmacognosy. Phytochemistry. doi:10.1016/j.phytochem.2007.06.028

Phondani, P.C., Maikhuri, R.K., Kala, C.P., 2010. Utilizações etnoveterinárias de plantas medicinais entre curandeiros tradicionais à base de plantas na bacia hidrográfica de Alaknanda em Uttarakhand, Índia. Revista Africana de Medicinas Tradicionais, Complementares e Alternativas: AJTCAM / Redes Africanas de Etnomedicina 7, 195206.

Pichersky, E., Gang, D.R., 2000. Genética e bioquímica de metabolitos secundários em plantas: An evolutionary perspective. Trends in Plant Science 5, 439-445. doi:10.1016/S1360-1385(00)01741-6

Policy, I.P., Talbot, G.H., Bradley, J., Edwards Jr, J.E., Gilbert, D., Scheld, M., Bartlett, J.G., America, A.A.T.F. of the I.D.S. of, Edwards, J.E., Gilbert, D., Scheld, M., Bartlett, J.G., 2006. Bad bugs need drugs: an update on the development pipeline from the Antimicrobial Availability Task Force of the Infectious Diseases Society of America. Clinical infectious diseases : an official publication of the Infectious Diseases Society of America 42, 657-68. doi:10.1086/499819

Poulev, A., O'Neal, J.M., Logendra, S., Pouleva, R.B., Timeva, V., Garvey, A.S., Gleba, D., Jenkins, I.S., Halpern, B.T., Kneer, R., Cragg, G.M., Raskin, I., 2003.

Elicitation, a new window into plant chemodiversity and phytochemical drug discovery. Journal of Medicinal Chemistry 46, 2542-2547. doi:10.1021/jm020359t

Pyorala, S., Taponen, S., 2015. Coagulase - estafilococos negativos - patógenos emergentes da mastite . PubMedCommons134 , 10-11. doi:10.1016/j.vetmic.2008.09.015.

Radostits, O.M., Leslie, K.E., Fetrow, J., 1994. Herd health: food animal production medicine. Ed xii + 631, EUA; W.B. Saunders Company.

Ruegg, P.L., 2010. Evidence-based-veterinary-medicine-mastitis-therapy, in: Congresso Mundial de Buiatria, Santiago do Chile.

Russell, A., 2003. Biocide use and antibiotic resistance: the relevance of laboratory findings to clinical and environmental situations. The Lancet Infectious Diseases 3, 794-803. doi:10.1016/S1473-3099(03)00833-8

Saleem, M., Nazir, M., Ali, M.S., Hussain, H., Lee, Y.S., Riaz, N., Jabbar, A., 2010. Produtos naturais antimicrobianos: uma atualização sobre futuros candidatos a medicamentos antibióticos. Natural Product Reports 27, 238-254. doi:10.1039/b916096e

Sampimon, O.C., Lam, T.J.G.M., Mevius, D.J., Schukken, Y.H., Zadoks, R.N., 2011. Suscetibilidade antimicrobiana de estafilococos coagulase-negativos isolados de amostras de leite bovino. Veterinary Microbiology 150, 173-179. doi:10.1016/j.vetmic.2011.01.017

Savoia, D., 2012. Compostos antimicrobianos derivados de plantas: alternativas aos antibióticos. Microbiologia do Futuro. doi:10.2217/fmb.12.68

Sayasith, K., Khalil, H., Dubreuil, P., Drolet, M., Lagace, J., 2001. Desenvolvimento de um teste rápido e sensível para a identificação dos principais agentes patogénicos da mastite bovina por PCR. Journal of Clinical Microbiology 39, 2584-2589. doi:10.1128/JCM.39.7.2584

Schroeder, J.W., 2012. Mastite bovina e manejo da ordenha. NDSU Extention Service 1129, 1-16.

Schwendener S, Cotting K, Perreten V. Novo gene de resistência à meticilina mecD em estirpes clínicas de Macrococcus caseolyticus de origem bovina e canina. Relatórios Científicos 2017; 7: 1-11. doi: 10.1038/srep43797

Sebaihia, M., Wren, B.W., Mullany, P., Fairweather, N.F., Minton, N., Stabler, R., Thomson, N.R., Roberts, A.P., Cerdeño-Tárraga, A.M., Wang, H., Holden, M.T.G., Wright, A., Churcher, C., Quail, M. a, Baker, S., Bason, N., Brooks, K., Chillingworth,

T., Cronin, A., Davis, P., Dowd, L., Fraser, A., Feltwell, T., Hance, Z., Holroyd, S., Jagels, K., Moule, S., Mungall, K., Price, C., Rabbinowitsch, E., Sharp, S., Simmonds, M., Stevens, K., Unwin, L., Whithead,

S., Dupuy, B., Dougan, G., Barrell, B., Parkhill, J., 2006. O agente patogénico humano multirresistente Clostridium difficile tem um genoma altamente móvel e em mosaico. Nature Genetics 38, 779-786. doi:10.1038/ng1830

Shome, B.R., Bhuvana, M., Mitra, S. Das, Krithiga, N., Shome, R., Velu, D., Banerjee, A., Barbuddhe, S.B., Prabhudas, K., Rahman, H., 2012. Caracterização molecular de *Streptococcus agalactiae* e *Streptococcus uberis* isolados do leite bovino. Tropical Animal Health and Production 44, 1981-1992. doi:10.1007/s11250-012-0167-4

Sibanda, T., Okoh, A.I., 2007. Os desafios para superar a resistência aos antibióticos: Extractos de plantas como fontes potenciais de agentes antimicrobianos e modificadores da resistência. Jornal Africano de Biotecnologia 6, 2886-2896. doi:10.4314/ajb.v6i25.58241

Simões, M., Bennett, R.N., Rosa, E. a S., 2009. Compreensão das actividades antimicrobianas de fitoquímicos contra bactérias multirresistentes e biofilmes. Natural Product Reports 26, 746-757. doi:10.1039/b821648g

Spoor, L.E., McAdam, P.R., Weinert, L.A., Rambaut, A., Hasman, H., Aarestrup, F.M., Kearns, A.M., Larsen, A.R., Skov, R.L., Fitzgerald, J.R., Nadimpalli, M., Rinsky, J.L., Wing, S., Hall, D., Stewart, J., Larsen, J., Nachman, K.E., Love, D.C., Pierce, E., Pisanic, N., Strelitz, J., Harduar-Morano, L., Heaney, C.D., 2013. Origem do gado para um clone pandémico humano de *Staphylococcus aureus* resistente à meticilina associado à comunidade. Medicina Ocupacional e Ambiental 4, 90-9. doi:10.1136/oemed-2014-102095

Stavri, M., Piddock, L.J. V, Gibbons, S., 2007. Inibidores de bombas de efluxo bacteriano de fontes naturais. Journal of Antimicrobial Chemotherapy 59, 1247-1260. doi:10.1093/jac/dkl460

Stermitz, F.R., Lorenz, P., Tawara, J.N., Zenewicz, L. a, Lewis, K., 2000. Sinergia numa planta medicinal: ação antimicrobiana da berberina potenciada pela 5'-metoxi-hidnocarpina, um inibidor da bomba multidroga. Actas da Academia Nacional de Ciências dos Estados Unidos da América 97, 1433-1437. doi:10.1073/pnas.030540597

Taponen, S., Pyorala, S., 2009. Coagulase-negative staphylococci as cause of bovine mastitis-Not so different from *Staphylococcus aureus*? Veterinary Microbiology 134, 29-36. doi:10.1016/j.vetmic.2008.09.011

Tasdemir, D., Topaloglu, B., Perozzo, R., Brun, R., O'Neill, R., Carballeira, N.M., Zhang, X., Tonge, P.J., Linden, A., Rüedi, P., 2007. Produtos naturais marinhos da esponja turca Agelas oroides que inibem as enoyl reductases de *Plasmodium falciparum, Mycobacterium tuberculosis* e *Escherichia coli.* BioorganicandMedicinalChemistry15 , 6834-6845. doi:10.1016/j.bmc.2007.07.032

Tegos, G., Stermitz, F.R., Lomovskaya, O., Lewis, K., 2002. Inibidores de bombas multidroga revelam atividade notável de antimicrobianos de plantas inibidores de bombas multidroga revelam atividade notável de antimicrobianos de plantas. Antimicrobial Agents and Chemotherapy 46, 3133-3141. doi:10.1128/AAC.46.10.3133

Tenhagen, B., Koster, G., Wallmann, J., Heuwieser, W., 2006. Prevalência de agentes patogénicos da mastite e sua resistência a agentes antimicrobianos em vacas leiteiras em Brandenburg, Alemanha. Journal of Dairy Science 89, 2542-2551. doi:10.3168/jds.S0022-0302(06)72330-X

Türkyilmaz, S., Tekbiyik, S., Oryasin, E., Bozdogan, B., 2010. Epidemiologia molecular e mecanismos de resistência antimicrobiana de *Staphylococcus aureus* resistente à meticilina isolado do leite bovino. Zoonoses and Public Health 57, 197-203. doi:10.1111/j.1863-2378.2009.01257.x

VanEtten, H., Mansfield, J., Bailey, J., Farmer, E., 1994. Duas classes de antibióticos vegetais: Phytoalexins versus "Phytoanticipins". The Plant cell 6, 1191-1192. doi:10.1105/tpc.6.9.1191

Vélez JR et al. Análise da sequência do genoma completo de genes de resistência antimicrobiana em *Streptococcus uberis* e *Streptococcus dysgalactiae* isolados de rebanhos leiteiros canadianos. Frontiers in Veterinary Science 2017; 4: 1-11. doi: 10.3389/fvets.2017.00063

Verpoorte, R., 1998. Exploração da quimiodiversidade da natureza: O papel do Metabolitos secundários como pistas para o desenvolvimento de medicamentos. Drug Discovery Today 3, 232-238. doi:10.1016/S1359-6446(97)01167-7

Viguier, C., Arora, S., Gilmartin, N., Welbeck, K., O'Kennedy, R., 2009. Mastitis detection: current trends and future perspectives (Deteção de mastite: tendências actuais e perspectivas futuras). Trends in Biotechnology 27, 486-493. doi:10.1016/j.tibtech.2009.05.004

Virdis, S., Scarano, C., Cossu, F., Spanu, V., Spanu, C., De Santis, E.P.L., 2010. Antibiotic Resistance in *Staphylococcus aureus* and Coagulase Negative Staphylococci Isolated from Goats with Subclinical Mastitis (Resistência a antibióticos em *Staphylococcus aureus* e estafilococos coagulase negativos isolados de cabras com mastite subclínica). Veterinary Medicine International 2010, 517060. doi:10.4061/2010/517060

Wellenberg, G.J., Van Der Poel, W.H.M., Van Oirschot, J.T., 2002. Infecções virais e mastite bovina: A review. Veterinary Microbiology. doi:10.1016/S0378-1135(02)00098-6

Wink, M., 2004. Diversidade Fitoquímica de Metabolitos Secundários, em: Encyclopedia of Plant and Crop Science. pp. 915-919. doi:10.1081/E-EPCS

Woodford, N., Ellington, M.J., 2007. The emergence of antibiotic resistance by mutation (A emergência da resistência aos antibióticos por mutação). Clinical Microbiology and Infection 13, 5-18. doi:10.1111/j.1469- 0691.2006.01492.x

Wright, G.D., Sutherland, A.D., 2007. Novas estratégias de combate a bactérias multirresistentes. Tendências em Medicina Molecular 13, 260-267. doi:10.1016/j.molmed.2007.04.004

Yalcin, C., Stott, A.W., Logue, D.N., Gunn, J., 1999. The economic impact of mastitis-control procedures used in Scottish dairy herds with high bulk-tank somatic-cell counts. Preventive Veterinary Medicine 41, 135-149. doi:http://dx.doi.org/10.1016/S0167-5877(99)00052-5

Zafalon, L.F., Nader Filho, A., Oliveira, J. V., Resende, F.D., 2007. Mastite subclínica causada por *Staphylococcus aureus*: Custo-benefício da antibioticoterapia de vacas em lactação. Arquivo Brasileiro de Medicina Veterinaria e Zootecnia 59, 577-585. doi:10.1590/S0102-09352007000300005

Zhao, X., Lacasse, P., 2008. Danos nos tecidos mamários durante a mastite bovina: causas e controlo. Journal of Animal Science 86, 57-65. doi:10.2527/jas.2007- 0302

I want morebooks!

Buy your books fast and straightforward online - at one of world's fastest growing online book stores! Environmentally sound due to Print-on-Demand technologies.

Buy your books online at
www.morebooks.shop

Compre os seus livros mais rápido e diretamente na internet, em uma das livrarias on-line com o maior crescimento no mundo! Produção que protege o meio ambiente através das tecnologias de impressão sob demanda.

Compre os seus livros on-line em
www.morebooks.shop

Printed by Books on Demand GmbH, Norderstedt / Germany